우리나라 수학과 교육과정에서 초등학교 수학 내용은 '수와 연산', '도형', '측정', '규칙성', '자료와 가능성'의 5개 영역으로 구성되는데, 우리가 이 교재에서 다룰 영역은 '규칙성'입니다.

수학은 전통적으로 수와 도형에 관한 학문으로 인식되어 왔지만, '패턴은 수학의 본질이며 수학을 표현하는 언어이다'라고 말한 수학자 Sandefur & Camp의 말에서 알 수 있듯이 패턴(규칙성)은 수학의 주제들을 연결하는 하나의 중요한 핵심 개념입니다.

생활 주변이나 여러 현상에서 찾을 수 있는 규칙 찾기나 두 양 사이의 대응 관계, 비와 비율 개념과 비례적 사고 개발 등의 규칙성과 관련된 수학적 내용들은 실생활의 복잡한 문제를 해결하는 데 매우 유용하며 다양한 현상 탐구와 함수 개념의 기초가 되고 추론 능력을 기르는 데에도 큰 도움이 됩니다.

그럼에도 규칙성은 학교교육에서 주어지는 학습량이 다른 영역에 비해 상대적으로 많이 부족한 것처럼 보입니다. 교육과정에서 규칙성을 독립 단원으로 많이 다루기보다는 특정 영역이 아닌 모든 영역에서 필요할 때 패턴을 녹여서 폭넓게 다루고 있기 때문입니다.

기탄영역별수학-규칙성편은 학교교육에서 상대적으로 부족해 보이는 규칙성 영역의 핵심적 내용들을 집중적으로 체계 있게 다루어 아이들이 규칙성이라는 수학적 탐구 방법을 통해 문제를 쉽게 해결하고 중등 상위 단계(함수 등)로 자연스럽게 개념을 연결할 수 있도록 구성하였습니다.

아이들이 학습하는 동안 자연스럽게 수학적 탐구 방법으로써의 패턴(규칙성)을 이해하고 발전시켜 나갈 수 있도록 구성하였습니다.

수학을 잘하기 위해서는 문제의 패턴을 찾는 능력이 매우 중요합니다.

그런데 이렇게 중요한 패턴 관련 학습이 앞에서 말한 것처럼 학교교육에서 상대적으로 부족해 보이는 이유는 초등수학 교과서에 독립된 규칙성 단원이 매우 적기 때문입니다. 현재 초등수학 교과서 총 71개 단원 중 규칙성을 독립적으로 다룬 단원은 6개 단원에 불과합니다. 규칙성을 독립 단원으로 다루기에는 패턴 관련 활동의 다양성이 부족하기도 하고, 또 규칙성이 수학적 주제라기보다 수학 활동의 과정에 가깝기 때문입니다.

그럼에도 불구하고 우리 아이들은 패턴을 충분히 다루어 보아야 합니다. 문제해결 과정에 가까운 패턴을 굳이 독립 단원으로도 다루었다는 건 그만큼 그 내용이 수학적 탐구 방법으로써 중요하고 다음 단계로 나아가기 위해 꼭 필요하기 때문입니다.

기탄영역별수학–규칙성편은 이 6개 단원의 패턴 관련 활동을 분석하여 아이들이 학습하는 동안 자연스럽게 수학적 탐구 방법으로써 규칙성을 발전시켜 나갈 수 있도록 구성하였습니다.

집중적이고 체계적인 패턴 학습을 통해 문제해결력과 수학적 추론 능력을 향상시켜 상위 단계(함수 등)나 다른 영역으로 연결하는 데 어려움이 없도록 구성하였습니다.

반복 패턴 □★□□★□□★□……에서 반복되는 부분이 □★□임을 찾아내면 20번째에는 어떤 모양이 올지 추론이 가능한 것처럼 패턴 학습을 할 때 먼저 패턴의 구조를 분석하는 활동은 매우 중요합니다.

또, □가 1, 2, 3, 4……로 변할 때, △는 2, 4, 6, 8……로 변한다면 △가 □의 2배임을 추론할 수 있는 것처럼 두 양 사이의 관계를 탐색하는 활동은 나중에 함수적 사고로 연결되는 중요한 활동입니다.

패턴 학습에는 수학 내용들과 연계되는 이런 중요한 활동들이 많이 필요합니다.

기탄영역별수학–규칙성편을 통해 이런 활동들을 집중적이고 체계적으로 학습해 나가는 동안 문제해결력과 추론 능력이 길러지고 함수 같은 상위 개념의 학습으로 아이가 가진 개념 맵(map)이 자연스럽게 확장될 수 있습니다.

이 책의 구성

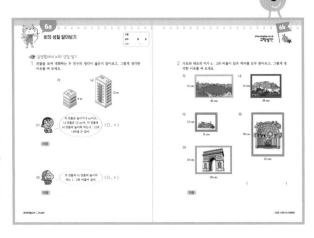

본 학습

제목을 통해 이번 차시에서 학습해야 할
내용이 무엇인지 짚어 보고, 그것을 익히기
위한 최적화된 연습문제를 반복해서
집중적으로 풀어 볼 수 있습니다.

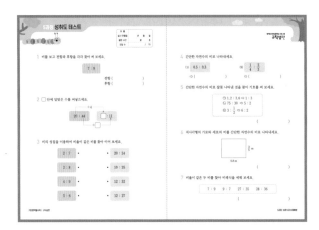

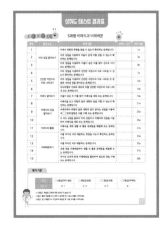

성취도 테스트

성취도 테스트는 본문에서 집중 연습한 내용을 최종적으로 한번 더 확인해 보는 문제들로 구성되어 있습니다.
성취도 테스트를 풀어 본 후, 결과표에 내가 맞은 문제인지 틀린 문제인지 체크를 해가며 각각의 문항을 통해
성취해야 할 학습목표와 학습내용을 짚어 보고, 성취된 부분과 부족한 부분이 무엇인지 확인합니다.

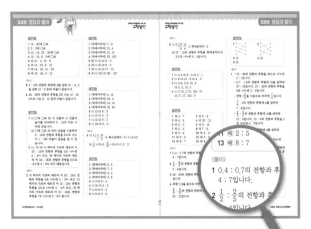

정답과 풀이

차시별 정답 확인 후 제시된 풀이를 통해
올바른 문제 풀이 방법을 확인합니다.

기탄 **영역별수학**
규칙성편

5과정
비례식과
비례배분

차례

비의 성질 알아보기

🐟 전항과 후항 알기

1 ☐ 안에 알맞은 수를 써넣으세요.

(1)
$$1 : 3$$

⇨ 전항 ☐ , 후항 ☐

> 비 2 : 3에서 기호 ' : ' 앞에 있는 2를 전항, 뒤에 있는 3을 후항이라고 합니다.

(2)
$$5 : 4$$

⇨ 전항 ☐ , 후항 ☐

(3)
$$6 : 11$$

⇨ 전항 ☐ , 후항 ☐

2 ☐ 안에 알맞은 말이나 수를 써넣으세요.

(1) 비 3 : 2에서 기호 ' : ' 앞에 있는 3을 ☐ , 뒤에 있는 2를 ☐ 이라고 합니다.

(2) 비 5 : 6에서 전항은 5, 후항은 ☐ 이고, 비 8 : 7에서 전항은 ☐ , 후항은 ☐ 입니다.

(3) 비 0.9 : 0.4에서 전항은 ☐ , 후항은 0.4이고, 비 $1 : \frac{1}{3}$ 에서 전항은 ☐ , 후항은 ☐ 입니다.

3 전항에 △표, 후항에 ○표 하세요.

(1) 1 : 5

(2) 7 : 6

(3) 10 : 3

(4) 2 : 9

(5) 0.5 : 0.8

(6) $\frac{1}{5}$: 4

4 전항이 5인 비를 찾아 △표 하세요.

5 : 9   11 : 5

(   )   (   )

5 후항이 7인 비를 찾아 ○표 하세요.

7 : 10   2 : 7

(   )   (   )

2a 비의 성질 알아보기

🐟 비의 성질 ①

1 ☐ 안에 알맞은 수를 써넣으세요.

비의 전항과 후항에 0이
아닌 같은 수를 곱하여도 비율은 같습니다.
비 2 : 7은 전항과 후항에 5를 곱한
10 : 35와 비율이 같습니다.

비 2 : 7 ⇨ 비율 $\frac{2}{7}$

비 10 : 35 ⇨ 비율 $\frac{10}{35}\left(=\frac{2}{7}\right)$

(1)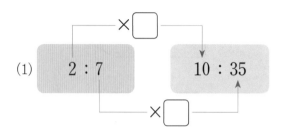

(2)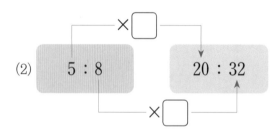

(3)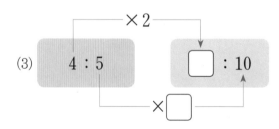

(4)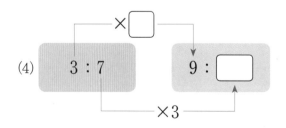

2 비의 전항과 후항에 2를 곱하여 ☐ 안에 알맞은 수를 써넣고, 두 비의 비율을 각각 분수로 나타내세요.

$$5 : 9 \Rightarrow \boxed{} : \boxed{}$$

(   ), (   )

3 비의 전항과 후항에 3을 곱하여 ☐ 안에 알맞은 수를 써넣고, 두 비의 비율을 각각 분수로 나타내세요.

$$11 : 6 \Rightarrow \boxed{} : \boxed{}$$

(   ), (   )

4 비의 전항과 후항에 5를 곱하여 ☐ 안에 알맞은 수를 써넣고, 두 비의 비율을 각각 분수로 나타내세요.

$$7 : 8 \Rightarrow \boxed{} : \boxed{}$$

(   ), (   )

비의 성질 알아보기

이름	
날짜	월 일
시간	: ~ :

🐟 비의 성질 ②

1 ☐ 안에 알맞은 수를 써넣으세요.

(1)
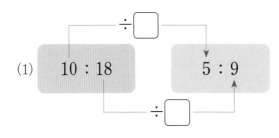
÷☐
10 : 18 →→ 5 : 9
÷☐

> 비의 전항과 후항을 0이 아닌 같은 수로 나누어도 비율은 같습니다.
> 비 10 : 18은 전항과 후항을 2로 나눈 5 : 9와 비율이 같습니다.
> 비 10 : 18 ⇨ 비율 $\frac{10}{18}\left(=\frac{5}{9}\right)$
> 비 5 : 9 ⇨ 비율 $\frac{5}{9}$

(2)
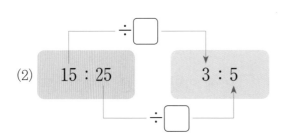
÷☐
15 : 25 →→ 3 : 5
÷☐

(3)
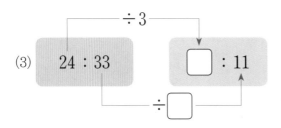
÷ 3
24 : 33 →→ ☐ : 11
÷☐

(4)
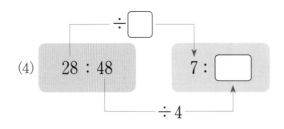
÷☐
28 : 48 →→ 7 : ☐
÷ 4

2 비의 전항과 후항을 3으로 나누어 ☐ 안에 알맞은 수를 써넣고, 두 비의 비율을 각각 분수로 나타내세요.

$$30 : 21 \Rightarrow \boxed{} : \boxed{}$$

(   ), (   )

3 비의 전항과 후항을 4로 나누어 ☐ 안에 알맞은 수를 써넣고, 두 비의 비율을 각각 분수로 나타내세요.

$$32 : 36 \Rightarrow \boxed{} : \boxed{}$$

(   ), (   )

4 비의 전항과 후항을 6으로 나누어 ☐ 안에 알맞은 수를 써넣고, 두 비의 비율을 각각 분수로 나타내세요.

$$66 : 72 \Rightarrow \boxed{} : \boxed{}$$

(   ), (   )

비의 성질 알아보기

🐟 비율이 같은 비 구하기 ①

1 수직선을 보고 6 : 9와 비율이 같은 비를 구해 보세요.

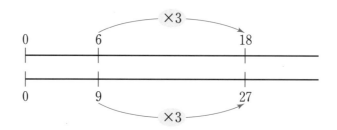

6 : 9의 전항과 후항에 ☐ 을 곱하면 ☐ : ☐ 이 됩니다.

⇨ 6 : 9와 ☐ : ☐ 은 비율이 같습니다.

2 수직선을 보고 16 : 12와 비율이 같은 비를 구해 보세요.

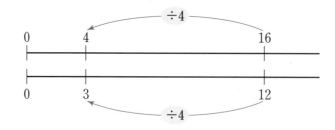

16 : 12의 전항과 후항을 ☐ 로 나누면 ☐ : ☐ 이 됩니다.

⇨ 16 : 12와 ☐ : ☐ 은 비율이 같습니다.

3 비의 성질을 이용하여 비율이 같은 비를 찾아 이어 보세요.

8 : 9 •		• 9 : 24
2 : 7 •		• 16 : 20
3 : 8 •		• 10 : 35
4 : 5 •		• 16 : 18

4 비의 성질을 이용하여 비율이 같은 비를 찾아 이어 보세요.

28 : 32 •		• 3 : 5
24 : 54 •		• 4 : 9
25 : 35 •		• 5 : 7
27 : 45 •		• 7 : 8

비의 성질 알아보기

이름	
날짜	월 일
시간	: ~ :

비율이 같은 비 구하기 ②

1 3 : 4와 비율이 같은 비를 찾아 ○표 하세요.

> 6 : 15   15 : 20   9 : 16

2 18 : 12와 비율이 같은 비를 찾아 ○표 하세요.

> 9 : 4   5 : 3   3 : 2

3 5 : 7과 비율이 같은 비를 모두 찾아 ○표 하세요.

> 15 : 7   10 : 14   20 : 21   25 : 35

4 24 : 20과 비율이 같은 비를 모두 찾아 ○표 하세요.

> 12 : 10   5 : 6   18 : 12   6 : 5

5 다음과 같은 비의 성질을 이용하여 5 : 2와 비율이 같은 비를 2개 써 보세요.

> 비의 전항과 후항에 0이 아닌 같은 수를 곱하여도 비율은 같습니다.

(   )

6 다음과 같은 비의 성질을 이용하여 24 : 36과 비율이 같은 비를 2개 써 보세요.

> 비의 전항과 후항을 0이 아닌 같은 수로 나누어도 비율은 같습니다.

(   )

7 비의 성질을 이용하여 7 : 10과 비율이 같은 비를 2개 써 보세요.

(   )

8 비의 성질을 이용하여 32 : 48과 비율이 같은 비를 2개 써 보세요.

(   )

비의 성질 알아보기

🐟 실생활에서 비의 성질 알기

1 건물을 보며 대화하는 두 친구의 생각이 옳은지 알아보고, 그렇게 생각한 이유를 써 보세요.

가   나

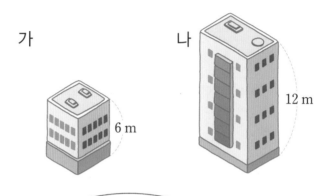

6 m   12 m

(1) 가 건물은 높이가 6 m이고, 나 건물은 12 m야. 가 건물과 나 건물의 높이의 비는 6 : 12로 나타낼 수 있어.

(○ , ×)

이유 _____

_____

(2) 가 건물과 나 건물의 높이의 비는 1 : 2와 비율이 같아.

(○ , ×)

이유 _____

_____

2 가로와 세로의 비가 4 : 3과 비율이 같은 액자를 모두 찾아보고, 그렇게 생 각한 이유를 써 보세요.

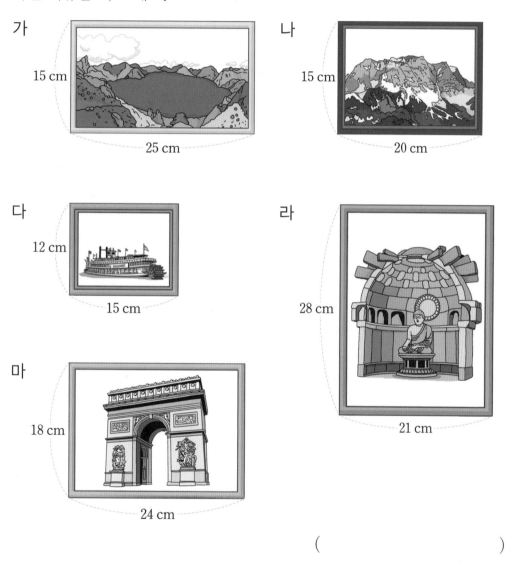

가
15 cm
25 cm

나
15 cm
20 cm

다
12 cm
15 cm

라
28 cm
21 cm

마
18 cm
24 cm

(   )

이유

간단한 자연수의 비로 나타내기

🐟 소수의 비를 간단한 자연수의 비로 나타내기

🐚 ☐ 안에 알맞은 수를 써넣어 간단한 자연수의 비로 나타내세요.

1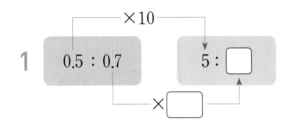

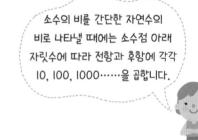

소수의 비를 간단한 자연수의 비로 나타낼 때에는 소수점 아래 자릿수에 따라 전항과 후항에 각각 10, 100, 1000……을 곱합니다.

2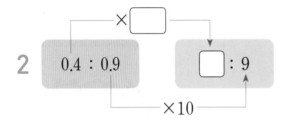

3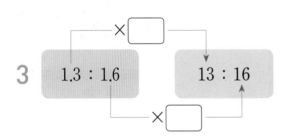

4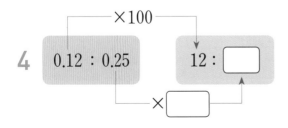

🐚 두 소수의 비를 간단한 자연수의 비로 나타내려면 전항과 후항에 각각 얼마를 곱해야 하는지 쓰고, 간단한 자연수의 비로 나타내세요.

5 $0.2 : 0.3$

(1) (   )

(2) 간단한 자연수의 비 (   )

6 $0.8 : 0.5$

(1) (   )

(2) 간단한 자연수의 비 (   )

7 $1.7 : 2.1$

(1) (   )

(2) 간단한 자연수의 비 (   )

8 $0.36 : 1.27$

(1) (   )

(2) 간단한 자연수의 비 (   )

8a

간단한 자연수의 비로 나타내기

이름	
날짜	월 일
시간	: ~ :

🐟 **분수의 비를 간단한 자연수의 비로 나타내기**

🐚 ☐ 안에 알맞은 수를 써넣어 간단한 자연수의 비로 나타내세요.

1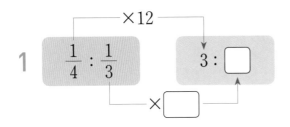

> 분수의 비를 가장 간단한 자연수의 비로 나타낼 때에는 전항과 후항에 각각 두 분모의 최소공배수를 곱합니다.

2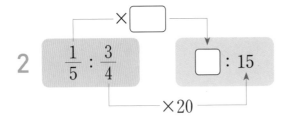

3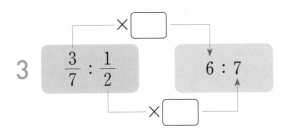

4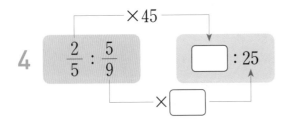

두 분모의 최소공배수를 구하고, 전항과 후항에 최소공배수를 곱하여 간단한 자연수의 비로 나타내세요.

5 $\dfrac{2}{3} : \dfrac{1}{4}$

(1) 최소공배수 (　　　　　　　　)

(2) 간단한 자연수의 비 (　　　　　　　　)

6 $\dfrac{1}{5} : \dfrac{3}{10}$

(1) 최소공배수 (　　　　　　　　)

(2) 간단한 자연수의 비 (　　　　　　　　)

7 $\dfrac{3}{4} : \dfrac{1}{6}$

(1) 최소공배수 (　　　　　　　　)

(2) 간단한 자연수의 비 (　　　　　　　　)

8 $\dfrac{3}{8} : \dfrac{1}{12}$

(1) 최소공배수 (　　　　　　　　)

(2) 간단한 자연수의 비 (　　　　　　　　)

간단한 자연수의 비로 나타내기

이름	
날짜	월 일
시간	: ~ :

🐟 **자연수의 비를 간단한 자연수의 비로 나타내기**

🐚 ☐ 안에 알맞은 수를 써넣어 간단한 자연수의 비로 나타내세요.

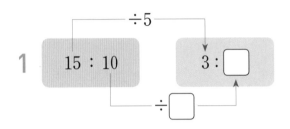

자연수의 비를 가장 간단한
자연수의 비로 나타낼 때에는
전항과 후항을 각각 두 자연수의
최대공약수로 나눕니다.

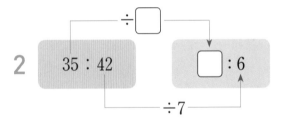

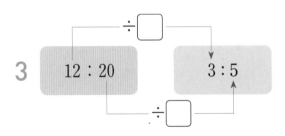

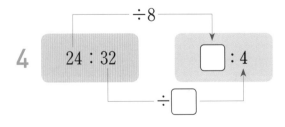

🐚 전항과 후항의 최대공약수를 구하고, 전항과 후항을 최대공약수로 나누어 간단한 자연수의 비로 나타내세요.

5 27 : 12

(1) 최대공약수 (   )

(2) 간단한 자연수의 비 (   )

6 30 : 50

(1) 최대공약수 (   )

(2) 간단한 자연수의 비 (   )

7 64 : 40

(1) 최대공약수 (   )

(2) 간단한 자연수의 비 (   )

8 45 : 72

(1) 최대공약수 (   )

(2) 간단한 자연수의 비 (   )

간단한 자연수의 비로 나타내기

🐟 **분수와 소수가 섞여 있는 비를 간단한 자연수의 비로 나타내기**

1 $0.8 : \dfrac{2}{5}$ 를 간단한 자연수의 비로 나타내려고 합니다. 물음에 답하세요.

(1) $\dfrac{2}{5}$ 를 소수로 고쳐서 비로 나타내세요.

$$0.8 : \dfrac{2}{5} \Rightarrow 0.8 : \boxed{}$$

(2) 위 (1)의 소수의 비에서 전항과 후항에 각각 10을 곱하여 보세요.

(   )

(3) 위 (2)의 전항과 후항을 각각 전항과 후항의 최대공약수로 나누어 보세요.

(   )

2 $0.6 : \dfrac{9}{20}$ 를 간단한 자연수의 비로 나타내려고 합니다. 물음에 답하세요.

(1) 0.6을 분수로 고쳐서 비로 나타내세요.

$$0.6 : \dfrac{9}{20} \Rightarrow \dfrac{\boxed{}}{10} : \dfrac{9}{20}$$

(2) 위 (1)의 분수의 비에서 전항과 후항에 각각 20을 곱하여 보세요.

(   )

(3) 위 (2)의 전항과 후항을 각각 전항과 후항의 최대공약수로 나누어 보세요.

(   )

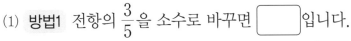

3 $\frac{3}{5}$: 0.5를 간단한 자연수의 비로 나타내려고 합니다. 두 가지 방법으로 구해 보세요.

(1) **방법1** 전항의 $\frac{3}{5}$을 소수로 바꾸면 ☐입니다.

☐ : 0.5가 되므로 전항과 후항에 각각 ☐을 곱하면 ☐ : 5가 됩니다.

(2) **방법2** 후항의 0.5를 분수로 바꾸면 $\frac{\square}{10}$입니다.

$\frac{3}{5}$: $\frac{\square}{10}$가 되므로 전항과 후항에 각각 ☐을 곱하면 6 : ☐가 됩니다.

4 $\frac{3}{4}$: 0.17을 간단한 자연수의 비로 나타내려고 합니다. 두 가지 방법으로 구해 보세요.

(1) **방법1** 전항의 $\frac{3}{4}$을 소수로 바꾸면 ☐입니다.

☐ : 0.17이 되므로 전항과 후항에 각각 ☐을 곱하면

☐ : 17이 됩니다.

(2) **방법2** 후항의 0.17을 분수로 바꾸면 $\frac{\square}{100}$입니다.

$\frac{3}{4}$: $\frac{\square}{100}$이 되므로 전항과 후항에 각각 ☐을 곱하면 75 : ☐이 됩니다.

간단한 자연수의 비로 나타내기

이름

날짜   월   일

시간   :   ~   :

🐟 간단한 자연수의 비로 나타내기 ①

🐚 간단한 자연수의 비로 나타내세요.

1   $0.4 : 0.7$ ⇨ (   )

2   $\dfrac{1}{2} : \dfrac{2}{5}$ ⇨ (   )

3   $28 : 63$ ⇨ (   )

4   $\dfrac{5}{8} : 0.3$ ⇨ (   )

5   $0.8 : 1.2$ ⇨ (   )

6   $\dfrac{4}{9} : \dfrac{5}{6}$ ⇨ (   )

7   $24 : 36$ ⇨ (   )

영역별 반복집중학습 프로그램
규칙성편

8 $0.5 : \dfrac{3}{7}$ ⇨ (   )

9 $0.45 : 0.6$ ⇨ (   )

10 $\dfrac{7}{12} : \dfrac{7}{16}$ ⇨ (   )

11 $100 : 250$ ⇨ (   )

12 $\dfrac{1}{4} : 0.15$ ⇨ (   )

13 $3 : 2\dfrac{5}{8}$ ⇨ (   )

14 $0.8 : 1\dfrac{4}{5}$ ⇨ (   )

간단한 자연수의 비로 나타내기

🐟 간단한 자연수의 비로 나타내기 ②

1 간단한 자연수의 비로 나타낸 것을 찾아 이어 보세요.

$72 : 36$ •		• $5 : 3$
$2.7 : 1.8$ •		• $2 : 1$
$1\dfrac{3}{4} : 2$ •		• $3 : 2$
$\dfrac{2}{3} : \dfrac{2}{5}$ •		• $7 : 8$

2 간단한 자연수의 비로 나타낸 것을 찾아 이어 보세요.

$1.6 : 0.4$ •		• $10 : 9$
$\dfrac{5}{6} : \dfrac{3}{4}$ •		• $7 : 4$
$24 : 60$ •		• $4 : 1$
$3 : 1\dfrac{5}{7}$ •		• $2 : 5$

3 간단한 자연수의 비로 잘못 나타낸 것을 찾아 기호를 써 보세요.

> ㉠ $5 : \dfrac{1}{4} \Rightarrow 20 : 4$
>
> ㉡ $25 : 60 \Rightarrow 5 : 12$
>
> ㉢ $10 : 6.2 \Rightarrow 50 : 31$

(   )

4 간단한 자연수의 비로 잘못 나타낸 것을 찾아 기호를 써 보세요.

> ㉠ $4.8 : 7.2 \Rightarrow 2 : 3$
>
> ㉡ $105 : 45 \Rightarrow 3 : 7$
>
> ㉢ $1\dfrac{1}{2} : 1\dfrac{1}{5} \Rightarrow 5 : 4$

(   )

5 간단한 자연수의 비로 잘못 나타낸 것을 찾아 기호를 써 보세요.

> ㉠ $42 : 70 \Rightarrow 3 : 5$
>
> ㉡ $0.32 : 1.6 \Rightarrow 1 : 5$
>
> ㉢ $1\dfrac{1}{3} : \dfrac{2}{9} \Rightarrow 1 : 6$

(   )

13a

간단한 자연수의 비로 나타내기

이름	
날짜	월 일
시간	: ~ :

간단한 자연수의 비로 나타내기 ③

1 종이학을 지혜는 49개 접었고, 슬기는 63개 접었습니다. 지혜가 접은 종이학의 수와 슬기가 접은 종이학의 수의 비를 간단한 자연수의 비로 나타내세요.

(   )

2 혜성이의 책의 무게는 1.8 kg이고, 은수의 책의 무게는 0.6 kg입니다. 혜성이와 은수의 책의 무게의 비를 간단한 자연수의 비로 나타내세요.

(   )

3 현빈이와 주아가 같은 책을 1시간 동안 읽었는데 현빈이는 전체의 $\frac{1}{3}$을, 주아는 전체의 $\frac{1}{4}$을 읽었습니다. 현빈이와 주아가 각각 1시간 동안 읽은 책의 양을 간단한 자연수의 비로 나타내세요.

(   )

4 동건이네 학교 6학년 전체 학생은 108명이고, 이 중에서 여학생은 48명입니다. 남학생 수와 여학생 수의 비를 간단한 자연수의 비로 나타내세요.

(   )

5 직사각형의 가로와 세로의 비를 간단한 자연수의 비로 나타내세요.

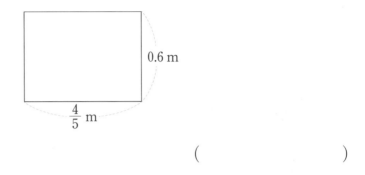

(   )

6 그림과 같은 직사각형 모양의 게시판이 있습니다. 게시판의 가로와 세로의 비를 간단한 자연수의 비로 나타내세요.

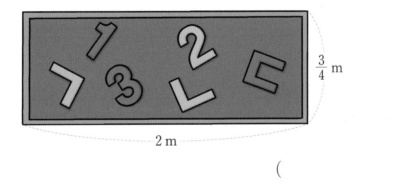

(   )

7 정사각형과 직사각형의 넓이의 비를 간단한 자연수의 비로 나타내세요.

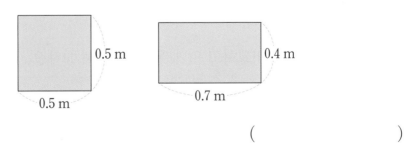

(   )

간단한 자연수의 비로 나타내기

이름	
날짜	월 일
시간	: ~ :

🐟 **간단한 자연수의 비로 나타내기 ④**

🐚 $1\frac{3}{5}$: 1.7을 간단한 자연수의 비로 나타내려고 합니다. 두 친구의 해결 방법을 살펴보고 각각의 방법으로 나타내어 보고 물음에 답하세요.

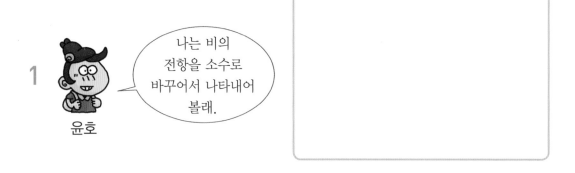

1 윤호 — 나는 비의 전항을 소수로 바꾸어서 나타내어 볼래.

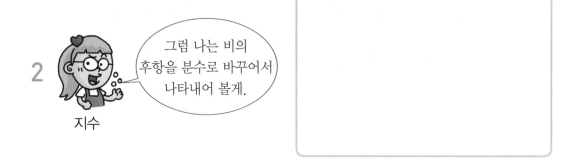

2 지수 — 그럼 나는 비의 후항을 분수로 바꾸어서 나타내어 볼게.

3 두 가지 방법을 비교하고 알게 된 것을 말해 보세요.

_____

_____

윤호와 지수는 꿀물을 만들었습니다. 물음에 답하세요.

나는 꿀 0.3 L, 물 0.8 L를 넣었어.

윤호

나는 똑같은 컵으로 꿀 $\frac{3}{10}$ 컵, 물 $\frac{4}{5}$ 컵을 넣었어.

지수

4 윤호가 사용한 꿀양과 물양의 비를 간단한 자연수의 비로 나타내세요.

(   )

5 지수가 사용한 꿀양과 물양의 비를 간단한 자연수의 비로 나타내세요.

(   )

6 윤호와 지수가 만든 두 꿀물의 진하기를 비교해 보세요.

두 친구가 사용한 꿀양과 물양의
비의 비율을 비교하면 꿀물의 진하기를
비교할 수 있습니다.

15a

비례식 알아보기

이름	
날짜	월 일
시간	: ~ :

🐟 비례식 알기

1 ☐ 안에 알맞은 말을 써넣으세요.

비율이 같은 두 비를 기호 '='를 사용하여 2 : 5 = 4 : 10과 같이 나타 낼 수 있으며 이와 같은 식을 ☐☐☐☐ 이라고 합니다.

비율이 같은 두 비를 기호 '='를 사용하여 3 : 4=6 : 8과 같이 나타낼 수 있습니다. 이와 같은 식을 비례식이라고 합니다.

2 비례식을 찾아 기호를 써 보세요.

> ㉠ 4 : 9   ㉡ 7×9=63
> ㉢ 10+14=4×6   ㉣ 3 : 5 = 9 : 15

( )

3 비례식을 모두 찾아 기호를 써 보세요.

> ㉠ 2 : 7 = 8 : 28   ㉡ 24 : 32
> ㉢ 11×10=110   ㉣ 15 : 10 = 1.5 : 1

( )

4 보기와 같이 두 비율을 보고 비례식으로 나타내세요.

보기
$$\frac{2}{3} = \frac{4}{6} \Rightarrow 2 : 3 = 4 : 6$$

(1) $\frac{1}{2} = \frac{4}{8}$ ⇨ (   )

(2) $\frac{4}{5} = \frac{8}{10}$ ⇨ (   )

(3) $\frac{3}{7} = \frac{9}{21}$ ⇨ (   )

5 두 비의 비율을 이용하여 비례식으로 나타내세요.

(1) 1 : 3의 비율 ⇨ $\frac{1}{\boxed{}}$

5 : 15의 비율 ⇨ $\frac{5}{\boxed{}} = \frac{1}{\boxed{}}$

비례식으로 나타내면
1 : $\boxed{}$ = $\boxed{}$: $\boxed{}$ 입니다.

(2) 4 : 9의 비율 ⇨ $\frac{4}{\boxed{}}$

12 : 27의 비율 ⇨ $\frac{12}{\boxed{}} = \frac{4}{\boxed{}}$

비례식으로 나타내면
4 : $\boxed{}$ = $\boxed{}$: $\boxed{}$ 입니다.

16a

비례식 알아보기

이름	
날짜	월 일
시간	: ~ :

🐟 **외항과 내항 알기**

[1~4] ☐ 안에 알맞은 수를 써넣으세요.

1   외항 5, ☐

   5 : 4 = 10 : 8

   내항 4, ☐

2   외항 1, ☐

   1 : 3 = 7 : 21

   내항 3, ☐

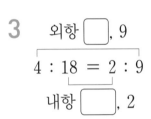

비례식 3 : 4 = 6 : 8에서 바깥쪽에 있는 3과 8을 외항, 안쪽에 있는 4와 6을 내항이라 합니다.

3   외항 ☐, 9

   4 : 18 = 2 : 9

   내항 ☐, 2

4   외항 ☐, 11

   0.8 : 1.1 = 8 : 11

   내항 ☐, 8

[5~8] 외항에 △표, 내항에 ○표 하세요.

5   3 : 2 = 9 : 6

6   4 : 7 = 12 : 21

7   10 : 16 = 5 : 8

8    $\frac{1}{5} : \frac{1}{2} = 2 : 5$

비례식에서 외항과 내항을 각각 찾아 써 보세요.

9 $5 : 7 = 10 : 14$

외항 (   )
내항 (   )

10 $24 : 9 = 8 : 3$

외항 (   )
내항 (   )

11 $7 : 2 = 35 : 10$

외항 (   )
내항 (   )

12 $3 : 5 = 0.9 : 1.5$

외항 (   )
내항 (   )

이름	
날짜	월 일
시간	: ~ :

🐟 비례식을 이용하여 비의 성질 나타내기

🐚 비례식을 이용하여 비의 성질을 나타내려고 합니다. ☐ 안에 알맞은 수를 써 넣으세요.

1 4 : 3은 전항과 후항에 2를 곱한 ☐ : ☐과 그 비율이 같습니다.

$$4 : 3 \quad = \quad \boxed{} : \boxed{}$$
$\times \boxed{}$

2 7 : 9는 전항과 후항에 3을 곱한 ☐ : ☐과 그 비율이 같습니다.

$$7 : 9 \quad = \quad \boxed{} : \boxed{}$$
$\times \boxed{}$

3 2 : 5는 전항과 후항에 5를 곱한 ☐ : ☐와 그 비율이 같습니다.

$$2 : 5 \quad = \quad \boxed{} : \boxed{}$$
$\times \boxed{}$

🐚 비례식을 이용하여 비의 성질을 나타내려고 합니다. ☐ 안에 알맞은 수를 써 넣으세요.

4 32 : 20은 전항과 후항을 4로 나눈 ☐ : ☐와 그 비율이 같습니다.

$$32 : 20 \quad = \quad \boxed{} : \boxed{}$$

$\div \boxed{}$ (위)

$\div \boxed{}$ (아래)

5 21 : 56은 전항과 후항을 7로 나눈 ☐ : ☐과 그 비율이 같습니다.

$$21 : 56 \quad = \quad \boxed{} : \boxed{}$$

$\div \boxed{}$ (위)

$\div \boxed{}$ (아래)

6 42 : 54는 전항과 후항을 6으로 나눈 ☐ : ☐와 그 비율이 같습니다.

$$42 : 54 \quad = \quad \boxed{} : \boxed{}$$

$\div \boxed{}$ (위)

$\div \boxed{}$ (아래)

비례식 알아보기

이름	
날짜	월 일
시간	: ~ :

🐟 **비례식으로 나타내기 ①**

1 [보기]에서 1 : 4와 비율이 같은 비를 찾아 비례식을 완성해 보세요.

[보기]

6 : 20   12 : 40   4 : 16

1 : 4 = ☐ : ☐

2 [보기]에서 7 : 3과 비율이 같은 비를 찾아 비례식을 완성해 보세요.

[보기]

21 : 9   35 : 18   6 : 14

7 : 3 = ☐ : ☐

3 [보기]에서 5 : 8과 비율이 같은 비를 찾아 비례식을 완성해 보세요.

[보기]

10 : 8   20 : 32   25 : 48

5 : 8 = ☐ : ☐

4 보기 에서 27 : 18과 비율이 같은 비를 찾아 비례식을 완성해 보세요.

보기

3 : 2   6 : 9   4 : 3

27 : 18 = ☐ : ☐

5 보기 에서 12 : 30과 비율이 같은 비를 찾아 비례식을 완성해 보세요.

보기

5 : 2   4 : 10   6 : 18

12 : 30 = ☐ : ☐

6 보기 에서 16 : 36과 비율이 같은 비를 찾아 비례식을 완성해 보세요.

보기

9 : 4   5 : 12   8 : 18

16 : 36 = ☐ : ☐

비례식 알아보기

이름

날짜   월   일

시간   : ~ :

비례식으로 나타내기 ②

비율이 같은 두 비를 찾아 비례식을 세워 보세요.

1

| 2 : 7 | 6 : 21 | 18 : 42 |

☐ : ☐ = ☐ : ☐

2

| 24 : 20 | 12 : 15 | 6 : 5 |

☐ : ☐ = ☐ : ☐

3

$3 : 5 \qquad 0.9 : 1.5 \qquad \dfrac{1}{3} : \dfrac{1}{5}$

☐ : ☐ = ☐ : ☐

4

$4 : 3 \qquad 1.2 : 1.6 \qquad \dfrac{1}{6} : \dfrac{1}{8}$

☐ : ☐ = ☐ : ☐

5
$$7 : 5 \qquad 5 : 7 \qquad 35 : 42 \qquad 28 : 20$$

$$\boxed{} : \boxed{} = \boxed{} : \boxed{}$$

6
$$21 : 35 \qquad 8 : 15 \qquad 6 : 10 \qquad 4 : 5$$

$$\boxed{} : \boxed{} = \boxed{} : \boxed{}$$

7
$$5 : 2 \qquad 2 : 10 \qquad \frac{1}{4} : \frac{1}{10} \qquad 0.2 : 0.5$$

( )

8
$$3 : 4 \qquad 2 : 7 \qquad \frac{1}{9} : \frac{1}{12} \qquad 1.2 : 4.2$$

( )

비례식 알아보기

이름	
날짜	월 일
시간	: ~ :

🐟 **비례식으로 나타내기 ③**

1 시윤이와 하은이가 비례식 3 : 4 = 9 : 12를 보고 한 생각입니다. 물음에 답하세요.

(1) 시윤이의 생각은 맞습니까, 틀립니까?

3 : 4와 9 : 12의 비율이 $\frac{3}{4}$으로 같아.

시윤

(   )

(2) 하은이의 생각은 맞습니까, 틀립니까?

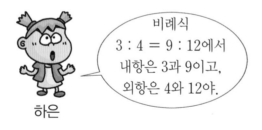

비례식 3 : 4 = 9 : 12에서 내항은 3과 9이고, 외항은 4와 12야.

하은

(   )

(3) 시윤이와 하은이의 생각이 잘못된 부분이 있으면 바르게 고쳐 보세요.

_____

_____

2 시윤이와 하은이가 비율이 같은 두 비를 비례식으로 나타내려고 합니다. 물음에 답하세요.

(1) 시윤이의 생각은 맞습니까, 틀립니까?

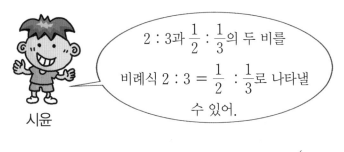

시윤

(   )

(2) 하은이의 생각은 맞습니까, 틀립니까?

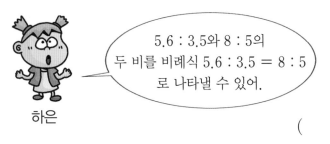

하은

(   )

(3) 시윤이와 하은이의 생각이 잘못된 부분이 있으면 바르게 고쳐 보세요.

_____

_____

비례식의 성질 알아보기

이름	
날짜	월 일
시간	: ~ :

📖 비례식의 성질 알기

1 비례식을 보고 물음에 답하세요.

$$4 : 3 = 12 : 9$$

⑴ ☐ 안에 알맞은 수를 써넣으세요.

(외항의 곱)= ☐4☐ × ☐9☐ = ☐

(내항의 곱)= ☐3☐ × ☐12☐ = ☐

⑵ ○ 안에 >, =, <를 알맞게 써넣으세요.

외항의 곱 ◯ 내항의 곱

2 비례식을 보고 물음에 답하세요.

$$0.2 : 0.5 = 10 : 25$$

⑴ ☐ 안에 알맞은 수를 써넣으세요.

(외항의 곱)= ☐ × ☐ = ☐

(내항의 곱)= ☐ × ☐ = ☐

⑵ ○ 안에 >, =, <를 알맞게 써넣으세요.

외항의 곱 ◯ 내항의 곱

3 비례식을 보고 물음에 답하세요.

$$7 : 9 = 14 : 18$$

⑴ 외항의 곱과 내항의 곱을 각각 구해 보세요.

외항의 곱 (   )

내항의 곱 (   )

⑵ 알맞은 말에 ○표 하세요.

비례식에서 외항의 곱과 내항의 곱은 (같습니다 , 다릅니다).

4 비례식을 보고 물음에 답하세요.

$$3 : 5 = \frac{1}{10} : \frac{1}{6}$$

⑴ 외항의 곱과 내항의 곱을 각각 구해 보세요.

외항의 곱 (   )

내항의 곱 (   )

⑵ 알맞은 말에 ○표 하세요.

비례식에서 외항의 곱과 내항의 곱은 (같습니다 , 다릅니다).

비례식의 성질 알아보기

이름	
날짜	월 일
시간	: ~ :

● 옳은 비례식 찾기 ①

🐚 ☐ 안에 알맞은 수를 써넣고, 옳은 비례식인지 아닌지 써 보세요.

1
$$3 \times 24 = \boxed{}$$
$$3 : 8 \ = \ 9 : 24 \quad (\qquad\qquad\qquad)$$
$$8 \times 9 = \boxed{}$$

2
$$15 \times 3 = \boxed{}$$
$$15 : 6 = 5 : 3 \quad (\qquad\qquad\qquad)$$
$$6 \times 5 = \boxed{}$$

3
$$0.3 \times 10 = \boxed{}$$
$$0.3 : 5 = 6 : 10 \quad (\qquad\qquad\qquad)$$
$$5 \times 6 = \boxed{}$$

4
$$\frac{1}{3} \times 48 = \boxed{}$$
$$\frac{1}{3} : 2 \ = \ 8 : 48 \quad (\qquad\qquad\qquad)$$
$$2 \times 8 = \boxed{}$$

규칙성편

🐚 비례식이 옳으면 ○표, 그렇지 않으면 ×표 하세요.

5 $4 : 5 = 12 : 14$ (   )

6 $21 : 7 = 3 : 1$ (   )

7 $8 : 28 = 2 : 7$ (   )

8 $80 : 36 = 5 : 2$ (   )

9 $0.5 : 1.2 = 10 : 24$ (   )

10 $9 : 8 = \dfrac{3}{4} : \dfrac{2}{3}$ (   )

이름	
날짜	월 일
시간	: ~ :

 옳은 비례식 찾기 ②

옳지 않은 비례식을 찾아 기호를 써 보세요.

1
> ㉠ $4 : 7 = 12 : 21$
> ㉡ $0.3 : 0.8 = 6 : 15$
> ㉢ $\frac{1}{2} : \frac{1}{9} = 9 : 2$

( )

2
> ㉠ $24 : 16 = 6 : 3$
> ㉡ $0.9 : 0.2 = 18 : 4$
> ㉢ $\frac{1}{7} : \frac{3}{4} = 4 : 21$

( )

3
> ㉠ $100 : 10 = 10 : 1$
> ㉡ $0.7 : 1.2 = 35 : 60$
> ㉢ $\frac{1}{5} : 10 = 2 : 20$

( )

4
> ㉠ $11 : 3 = 33 : 9$
> ㉡ $1.5 : 4 = 45 : 100$
> ㉢ $4 : \frac{5}{6} = 48 : 10$

( )

🐚 옳은 비례식을 모두 찾아 기호를 써 보세요.

5

ㄱ $3 : 8 = 9 : 16$ ㄴ $27 : 9 = 3 : 1$

ㄷ $\dfrac{1}{2} : \dfrac{1}{5} = 2 : 5$ ㄹ $6 : 5 = 24 : 20$

(   )

6

ㄱ $2 : 5 = 6 : 15$ ㄴ $7 : 3 = \dfrac{1}{3} : \dfrac{1}{7}$

ㄷ $0.3 : 0.6 = 6 : 18$ ㄹ $30 : 8 = 15 : 4$

(   )

7

ㄱ $9 : 4 = 18 : 12$ ㄴ $\dfrac{1}{4} : \dfrac{3}{5} = 5 : 14$

ㄷ $1.4 : 0.7 = 2 : 1$ ㄹ $36 : 27 = 12 : 9$

(   )

8

ㄱ $8 : 9 = 9 : 8$ ㄴ $2.5 : 7.5 = 1 : 3$

ㄷ $\dfrac{3}{8} : \dfrac{1}{2} = 6 : 8$ ㄹ $6 : 7 = 36 : 42$

(   )

비례식의 성질 알아보기

🐟 비례식의 성질을 이용하여 ●의 값 구하기

🐚 비례식의 성질을 이용하여 ●의 값을 구하려고 합니다. ☐ 안에 알맞은 수를 써넣으세요.

1

$$7 \times ●$$
$$7 : 3 = 14 : ●$$
$$3 \times 14$$

$7 \times ● = 3 \times 14$

$7 \times ● = \boxed{}$

$● = \boxed{}$

2

$$4 \times ●$$
$$4 : 9 = 12 : ●$$
$$9 \times 12$$

$4 \times ● = 9 \times 12$

$4 \times ● = \boxed{}$

$● = \boxed{}$

3

$$0.2 \times ●$$
$$0.2 : 0.4 = 10 : ●$$
$$0.4 \times 10$$

$0.2 \times ● = 0.4 \times 10$

$0.2 \times ● = \boxed{}$

$● = \boxed{}$

4

$$\frac{1}{5} \times ●$$
$$\frac{1}{5} : \frac{1}{3} = 15 : ●$$
$$\frac{1}{3} \times 15$$

$\frac{1}{5} \times ● = \frac{1}{3} \times 15$

$\frac{1}{5} \times ● = \boxed{}$

$● = \boxed{}$

영역별 반복집중학습 프로그램
규칙성편

5

6×20
$6 : 5 = \bullet : 20$
$5 \times \bullet$

$6 \times 20 = 5 \times \bullet$
$\boxed{} = 5 \times \bullet$
$\boxed{} = \bullet$

6

24×3
$24 : 18 = \bullet : 3$
$18 \times \bullet$

$24 \times 3 = 18 \times \bullet$
$\boxed{} = 18 \times \bullet$
$\boxed{} = \bullet$

7

0.9×5
$0.9 : 1.5 = \bullet : 5$
$1.5 \times \bullet$

$0.9 \times 5 = 1.5 \times \bullet$
$\boxed{} = 1.5 \times \bullet$
$\boxed{} = \bullet$

8

$\frac{3}{4} \times 8$
$\frac{3}{4} : \frac{1}{6} = \bullet : 8$
$\frac{1}{6} \times \bullet$

$\frac{3}{4} \times 8 = \frac{1}{6} \times \bullet$
$\boxed{} = \frac{1}{6} \times \bullet$
$\boxed{} = \bullet$

5과정 비례식과 비례배분

비례식의 성질 알아보기

이름	
날짜	월 일
시간	: ~ :

🐟 비례식의 성질을 이용하여 ☐의 값 구하기

[1~12] 비례식의 성질을 이용하여 ☐ 안에 알맞은 수를 써넣으세요.

1 $8 : 3 = \boxed{} : 21$

2 $7 : 4 = 28 : \boxed{}$

3 $6 : \boxed{} = 42 : 35$

4 $\boxed{} : 2 = 27 : 18$

5 $1.2 : 0.6 = \boxed{} : 20$

6 $3 : \dfrac{1}{4} = \boxed{} : 20$

7 $68 : \boxed{} = 17 : 6$

8 $\boxed{} : 8 = 72 : 64$

9 $35 : 20 = \boxed{} : 4$

10 $4 : 7 = 28 : \boxed{}$

11 $2 : \boxed{} = 1.8 : 4.5$

12 $\dfrac{1}{5} : \boxed{} = 3 : 60$

13 □ 안에 알맞은 수가 가장 큰 비례식을 찾아 기호를 써 보세요.

㉠ $\square : 2 = 3 : \dfrac{2}{3}$　　　㉡ $24 : 64 = \square : 16$

㉢ $0.9 : \square = 12 : 40$　　　㉣ $2 : \dfrac{4}{5} = 20 : \square$

(　　　　　　　)

14 □ 안에 알맞은 수가 가장 작은 비례식을 찾아 기호를 써 보세요.

㉠ $25 : 20 = \square : 8$　　　㉡ $\dfrac{2}{3} : \dfrac{1}{6} = 36 : \square$

㉢ $12 : \square = 6 : 9$　　　㉣ $\square : 2 = 3.5 : 1.4$

(　　　　　　　)

15 □ 안에 알맞은 수가 같은 비례식을 찾아 기호를 써 보세요.

㉠ $\square : 8 = 9 : 24$　　　㉡ $6 : 14 = 3 : \square$

㉢ $2.5 : \square = 10 : 40$　　　㉣ $\dfrac{1}{6} : \dfrac{1}{9} = \square : 2$

(　　　　　　　)

비례식의 성질 알아보기

🐟 비례식 세우기

🐚 수 카드 중에서 4장을 골라 비례식을 세워 보세요.

1 [4] [5] [2] [8] [12] [1]

☐ : ☐ = ☐ : ☐

두 수의 곱이 같은 카드를
찾아 비례식을 세워 봅니다.
또는 비율이 같은 두 비를 서로
같다고 놓고 비례식을
세워 봅니다.

2 [2] [9] [6] [10] [3] [13]

☐ : ☐ = ☐ : ☐

3 [1] [5] [3] [15] [4] [10]

☐ : ☐ = ☐ : ☐

4 [3] [7] [12] [4] [21] [16]

☐ : ☐ = ☐ : ☐

영역별 반복집중학습 프로그램
규칙성편

🐚 수 카드 중에서 4장을 골라 비례식을 세우고, 만든 방법을 써 보세요.

5   5   2   10   8   20   6

비례식 _____

방법 _____

_____

6   3   9   6   8   16   32

비례식 _____

방법 _____

_____

비례식의 활용

🐟 비례식을 이용하여 문제 해결하기 ①

🐚 손수건에 천연 염색을 하려면 양파 껍질 100 g에 물 4 L가 필요합니다. 양파 껍질이 25 g 있다면 물은 몇 L 필요한지 구하려고 합니다. 물음에 답하세요.

1 양파 껍질이 25 g 있다면 필요한 물의 양을 ● L라 하고 비례식을 완성해 보세요.

$$100 : 4 = \boxed{} : ●$$

2 비례식의 성질을 이용하여 ●의 값을 구해 보세요.

$$100 : 4 = \boxed{} : ● \ \Rightarrow \ 100 × ● = 4 × \boxed{}$$

$$100 × ● = \boxed{}$$

$$● = \boxed{}$$

비례식에서 외항의 곱과 내항의 곱은 같습니다.

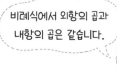

3 양파 껍질이 25 g 있다면 물은 몇 L 필요한가요?

(   ) L

영역별 반복집중학습 프로그램
규칙성편

🐚 직사각형의 가로와 세로의 비는 8 : 5입니다. 직사각형의 가로가 24 cm일 때 세로는 몇 cm인지 구하려고 합니다. 물음에 답하세요.

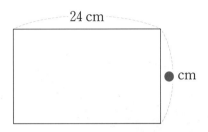

4 직사각형의 가로가 24 cm일 때 세로를 ● cm라 하고 비례식을 완성해 보세요.

$$8 : 5 = \boxed{} : ●$$

5 비례식의 성질을 이용하여 ●의 값을 구해 보세요.

$$8 : 5 = \boxed{} : ● \Rightarrow 8 \times ● = 5 \times \boxed{}$$

$$8 \times ● = \boxed{}$$

$$● = \boxed{}$$

6 직사각형의 가로가 24 cm일 때 세로는 몇 cm인가요?

(   ) cm

28a 비례식의 활용

이름	
날짜	월 일
시간	: ~ :

🐟 비례식을 이용하여 문제 해결하기 ②

🐚 복사기로 6초에 5장을 복사할 수 있습니다. 25장을 복사하려면 몇 초가 걸리는지 구하려고 합니다. 물음에 답하세요.

1 25장을 복사하는 데 걸리는 시간을 ●초라 하고 비례식을 완성해 보세요.

$$6 : 5 = ● : \boxed{}$$

2 비의 성질을 이용하여 ●의 값을 구해 보세요.

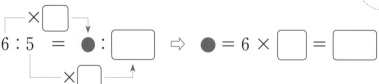

비의 전항과 후항에 0이 아닌 같은 수를 곱하여도 비율은 같습니다.

3 25장을 복사하는 데 걸리는 시간은 몇 초인가요?

( )초

기탄영역별수학 | 규칙성편

영역별 반복집중학습 프로그램
규칙성편

🐚 평행사변형의 밑변의 길이와 높이의 비는 9 : 11입니다. 평행사변형의 밑변이
36 cm일 때 높이는 몇 cm인지 구하려고 합니다. 물음에 답하세요.

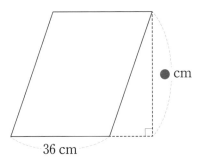

● cm

36 cm

4 평행사변형의 밑변이 36 cm일 때 높이를 ● cm라 하고 비례식을 완성해
보세요.

$$9 : 11 = \boxed{} : ●$$

5 비의 성질을 이용하여 ●의 값을 구해 보세요.

$$9 : 11 = \boxed{} : ● \Rightarrow ● = 11 \times \boxed{} = \boxed{}$$

× □

× □

6 평행사변형의 밑변이 36 cm일 때 높이는 몇 cm인가요?

(   ) cm

비례식의 활용

비례식을 이용하여 문제 해결하기 ③

휘발유 2 L로 24 km를 달리는 자동차가 있습니다. 휘발유 10 L로는 몇 km를 갈 수 있는지 2가지 방법으로 구하려고 합니다. 물음에 답하세요.

1 자동차가 갈 수 있는 거리를 ● km라 하고 비례식을 완성해 보세요.

$$2 : 24 = \boxed{} : ●$$

2 비례식의 성질을 이용하여 ●의 값을 구해 보세요.

$$2 : 24 = \boxed{} : ● \Rightarrow 2 × ● = 24 × \boxed{}$$

$$2 × ● = \boxed{}$$

$$● = \boxed{}$$

3 비의 성질을 이용하여 ●의 값을 구해 보세요.

$$2 : 24 = \boxed{} : ● \Rightarrow ● = 24 × \boxed{} = \boxed{}$$

$$× \boxed{}$$

$$× \boxed{}$$

4 자동차가 휘발유 10 L로 갈 수 있는 거리는 몇 km인가요?

(   ) km

🐚 키위가 2개에 1000원입니다. 7000원으로 키위 몇 개를 살 수 있는지 2가지 방법으로 구하려고 합니다. 물음에 답하세요.

5 살 수 있는 키위의 수를 ●개라 하고 비례식을 완성해 보세요.

$$2 : 1000 = ● : \boxed{}$$

6 비례식의 성질을 이용하여 ●의 값을 구해 보세요.

$$2 : 1000 = ● : \boxed{} \quad \Rightarrow \quad 2 \times \boxed{} = 1000 \times ●$$

$$\boxed{} = 1000 \times ●$$

$$\boxed{} = ●$$

7 비의 성질을 이용하여 ●의 값을 구해 보세요.

$$\overset{\times\boxed{}}{\overbrace{2 : 1000}} = ● : \boxed{} \quad \Rightarrow \quad ● = 2 \times \boxed{} = \boxed{}$$

$$\underset{\times\boxed{}}{}$$

8 7000원으로 살 수 있는 키위는 몇 개인가요?

(   )개

비례식의 활용

이름	
날짜	월 일
시간	: ~ :

🐟 비례식을 이용하여 문제 해결하기 ④

1 10분 동안 충전하면 90 km를 달릴 수 있는 전기 자동차가 있습니다. 이 전기 자동차가 450 km를 달리려면 몇 분 동안 충전해야 하는지 구해 보세요.

전기 자동차는 10분 동안 충전하면 90 km를 달릴 수 있대.

그럼 450 km를 달리려면 몇 분 동안 충전해야 하지?

(1) 전기 자동차가 450 km를 달리기 위해 충전해야 하는 시간을 ☐분이라 하고 비례식을 세워 보세요.

(　　　　　　　　　　　　)

(2) 전기 자동차가 450 km를 달리려면 몇 분 동안 충전해야 하나요?

(　　　　　　　　　)분

2 바닷물 20 L를 증발시켜 180 g의 소금을 얻었습니다. 같은 바닷물 12 L를 증발시켜 얻을 수 있는 소금의 양은 몇 g인지 구해 보세요.

(1) 바닷물 12 L를 증발시켜 얻을 수 있는 소금의 양을 ☐g이라 하고 비례식을 세워 보세요.

(　　　　　　　　　　　　)

(2) 바닷물 12 L를 증발시켜 얻을 수 있는 소금의 양은 몇 g인가요?

(　　　　　　　　　) g

3 맞물려 돌아가는 두 톱니바퀴가 있습니다. ㉮가 4번 도는 동안에 ㉯는 7번 돕니다. ㉮가 48번 도는 동안에 ㉯는 몇 번 도는지 구해 보세요.

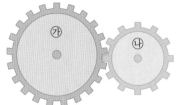

(1) ㉮가 48번 도는 동안에 ㉯의 회전수를 ☐번이라 하고 비례식을 세워 보세요.

(   )

(2) ㉮가 48번 도는 동안에 ㉯는 몇 번 도나요?

(   )번

4 2분 동안 15 L의 물이 나오는 수도가 있습니다. 이 수도로 들이가 210 L 인 빈 통에 물을 가득 채우려면 몇 분 동안 물을 받아야 하는지 구해 보세요.

(1) 들이가 210 L인 빈 통에 물을 가득 채우기 위해 걸리는 시간을 ☐분이 라 하고 비례식을 세워 보세요.

(   )

(2) 들이가 210 L인 빈 통에 물을 가득 채우려면 몇 분 동안 물을 받아야 하나요?

(   )분

31a

이름	
날짜	월 일
시간	: ~ :

비례식의 활용

🐟 비례식을 이용하여 문제 해결하기 ⑤

1 어느 식당에서 쌀과 잡곡을 7 : 3으로 섞어서 밥을 지으려고 합니다. 쌀을 21컵 넣었다면 잡곡은 몇 컵을 넣어야 하나요?

풀이

답 _____ 컵

2 11초에 15장을 인쇄할 수 있는 인쇄기가 있습니다. 이 인쇄기로 90장을 인쇄하려면 몇 초가 걸리나요?

풀이

답 _____ 초

3 가로와 세로의 비가 8 : 5인 직사각형 모양의 액자가 있습니다. 액자의 세로가 60 cm라면 가로는 몇 cm인가요?

풀이

답 _____ cm

4 떡볶이 4인분을 만드는 데 필요한 떡의 양이 600 g일 때, 떡볶이 7인분을 만드는 데 필요한 떡은 몇 g인가요?

풀이

답   g

5 자동차가 일정한 빠르기로 9 km를 달리는 데 6분이 걸렸습니다. 같은 빠르기로 135 km를 달린다면 몇 시간 몇 분이 걸리나요?

풀이

답   시간   분

6 1000 mL 주방 세제 2통은 8500원입니다. 주방 세제 8통을 사려면 얼마가 필요한가요?

풀이

답   원

32a

비례배분하기

🐟 비례배분을 그림으로 나타내기

1 귤 9개를 연수와 슬기에게 1 : 2로 나누어 ○ 그림으로 나타내고, ☐ 안에 알맞은 수를 써넣으세요.

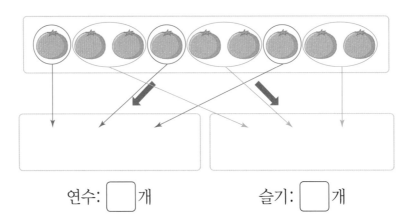

연수: ☐개   슬기: ☐개

2 사탕 8개를 태희와 지훈이에게 1 : 3으로 나누어 ○ 그림으로 나타내고, ☐ 안에 알맞은 수를 써넣으세요.

태희: ☐개   지훈: ☐개

3 풍선 10개를 주호와 은비에게 3 : 2로 나누어 ○ 그림으로 나타내고, ☐ 안에 알맞은 수를 써넣으세요.

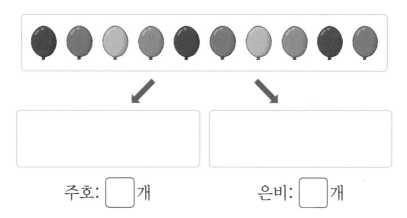

주호: ☐개   은비: ☐개

4 요구르트 14개를 민혁이와 세진이에게 3 : 4로 나누어 ○ 그림으로 나타내고, ☐ 안에 알맞은 수를 써넣으세요.

민혁: ☐개   세진: ☐개

비례배분하기

🐟 비례배분하기 ①

1 15를 1 : 2로 나누려고 합니다. ☐ 안에 알맞은 수를 써넣으세요.

(1) $15 \times \dfrac{\boxed{}}{1+2} = 15 \times \dfrac{1}{\boxed{}} = \boxed{}$

(2) $15 \times \dfrac{\boxed{}}{1+2} = 15 \times \dfrac{2}{\boxed{}} = \boxed{}$

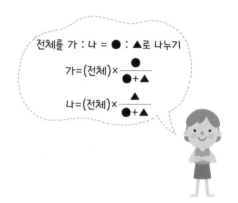

전체를 가 : 나 = ● : ▲로 나누기

가=(전체)× $\dfrac{●}{●+▲}$

나=(전체)× $\dfrac{▲}{●+▲}$

2 18을 7 : 2로 나누려고 합니다. ☐ 안에 알맞은 수를 써넣으세요.

(1) $18 \times \dfrac{7}{7+\boxed{}} = 18 \times \dfrac{7}{\boxed{}} = \boxed{}$

(2) $18 \times \dfrac{2}{\boxed{}+2} = 18 \times \dfrac{2}{\boxed{}} = \boxed{}$

3 28을 3 : 4로 나누려고 합니다. ☐ 안에 알맞은 수를 써넣으세요.

(1) $28 \times \dfrac{\boxed{}}{\boxed{}+4} = 28 \times \dfrac{3}{\boxed{}} = \boxed{}$

(2) $28 \times \dfrac{\boxed{}}{3+\boxed{}} = 28 \times \dfrac{4}{\boxed{}} = \boxed{}$

4 96을 1 : 5로 나누려고 합니다. ☐ 안에 알맞은 수를 써넣으세요.

(1) $96 \times \dfrac{1}{\boxed{}+\boxed{}} = 96 \times \dfrac{\boxed{}}{\boxed{}} = \boxed{}$

(2) $96 \times \dfrac{5}{\boxed{}+\boxed{}} = 96 \times \dfrac{\boxed{}}{\boxed{}} = \boxed{}$

5 200을 3 : 2로 나누려고 합니다. ☐ 안에 알맞은 수를 써넣으세요.

(1) $200 \times \dfrac{3}{\boxed{}+\boxed{}} = 200 \times \dfrac{\boxed{}}{\boxed{}} = \boxed{}$

(2) $200 \times \dfrac{2}{\boxed{}+\boxed{}} = 200 \times \dfrac{\boxed{}}{\boxed{}} = \boxed{}$

6 360을 5 : 7로 나누려고 합니다. ☐ 안에 알맞은 수를 써넣으세요.

(1) $360 \times \dfrac{5}{\boxed{}+\boxed{}} = 360 \times \dfrac{\boxed{}}{\boxed{}} = \boxed{}$

(2) $360 \times \dfrac{7}{\boxed{}+\boxed{}} = 360 \times \dfrac{\boxed{}}{\boxed{}} = \boxed{}$

이렇게 전체를 주어진 비로 배분하는 것을 비례배분이라고 합니다.

비례배분하기

🐟 비례배분하기 ②

1 10을 2 : 3으로 나누려고 합니다. ☐ 안에 알맞은 수를 써넣으세요.

(1) (전체의 양) : (2에 해당하는 양) ⇨ (2+3) : 2 ⇨ 5 : 2

$$5 : 2 \ = \ 10 : ● \ \Rightarrow \ ● = 2 × \boxed{} = \boxed{}$$

×2, ×2

(2) (전체의 양) : (3에 해당하는 양) ⇨ (2+3) : 3 ⇨ 5 : 3

$$5 : 3 \ = \ 10 : ▲ \ \Rightarrow \ ▲ = 3 × \boxed{} = \boxed{}$$

×2, ×2

비의 성질을 이용하여 비례배분할 수 있습니다.

2 12를 3 : 1로 나누려고 합니다. ☐ 안에 알맞은 수를 써넣으세요.

(1) (전체의 양) : (3에 해당하는 양) ⇨ (3+1) : 3 ⇨ 4 : 3

$$4 : 3 \ = \ 12 : ● \ \Rightarrow \ ● = 3 × \boxed{} = \boxed{}$$

×3, ×3

(2) (전체의 양) : (1에 해당하는 양) ⇨ (3+1) : 1 ⇨ 4 : 1

$$4 : 1 \ = \ 12 : ▲ \ \Rightarrow \ ▲ = 1 × \boxed{} = \boxed{}$$

×3, ×3

3 32를 3 : 5로 나누려고 합니다. ☐ 안에 알맞은 수를 써넣으세요.

(1) (전체의 양) : (3에 해당하는 양) ⇨ (3+5) : 3 ⇨ 8 : 3

$$8 : 3 = 32 : ● ⇨ ● = 3 × ☐ = ☐$$

(2) (전체의 양) : (5에 해당하는 양) ⇨ (3+5) : 5 ⇨ 8 : 5

$$8 : 5 = 32 : ▲ ⇨ ▲ = 5 × ☐ = ☐$$

4 60을 5 : 7로 나누려고 합니다. ☐ 안에 알맞은 수를 써넣으세요.

(1) (전체의 양) : (5에 해당하는 양) ⇨ (5+7) : 5 ⇨ 12 : 5

$$12 : 5 = 60 : ● ⇨ ● = 5 × ☐ = ☐$$

(2) (전체의 양) : (7에 해당하는 양) ⇨ (5+7) : 7 ⇨ 12 : 7

$$12 : 7 = 60 : ▲ ⇨ ▲ = 7 × ☐ = ☐$$

비례배분하기

🐟 비례배분하기 ③

1 20을 주어진 비로 나누어 보세요.

(1) 3 : 1   (,   )

(2) 2 : 3   (,   )

2 36을 주어진 비로 나누어 보세요.

(1) 1 : 3   (,   )

(2) 5 : 4   (,   )

3 42를 주어진 비로 나누어 보세요.

(1) 1 : 5   (,   )

(2) 5 : 9   (,   )

영역별 반복집중학습 프로그램
규칙성편

4 45를 주어진 비로 나누어 보세요.

(1) 2 : 3   (,   )

(2) 7 : 2   (,   )

5 120을 주어진 비로 나누어 보세요.

(1) 3 : 5   (,   )

(2) 8 : 7   (,   )

6 330을 주어진 비로 나누어 보세요.

(1) 3 : 7   (,   )

(2) 6 : 5   (,   )

비례배분하기

🐟 비례배분 문제 해결하기 ①

1 빵 24개를 형과 동생이 3 : 1로 나누어 가지려고 합니다. 빵을 각각 몇 개씩 가지게 되는지 구해 보세요.

(1) 형: $24 \times \dfrac{\Box}{3+1} = 24 \times \dfrac{\Box}{4} = \boxed{}$ (개)

(2) 동생: $24 \times \dfrac{\Box}{3+1} = 24 \times \dfrac{\Box}{4} = \boxed{}$ (개)

2 색연필 30자루를 준우와 지윤이가 2 : 3으로 나누어 가지려고 합니다. 색연필을 각각 몇 자루씩 가지게 되는지 구해 보세요.

(1) 준우: $30 \times \dfrac{\Box}{2+3} = 30 \times \dfrac{\Box}{5} = \boxed{}$ (자루)

(2) 지윤: $30 \times \dfrac{\Box}{2+3} = 30 \times \dfrac{\Box}{5} = \boxed{}$ (자루)

3 길이가 270 cm인 리본을 슬기와 지혜가 4 : 5로 나누어 가지려고 합니다. 리본을 각각 몇 cm씩 가지게 되는지 구해 보세요.

(1) 슬기: $270 \times \dfrac{\Box}{4+5} = 270 \times \dfrac{\Box}{9} = \boxed{}$ (cm)

(2) 지혜: $270 \times \dfrac{\Box}{4+5} = 270 \times \dfrac{\Box}{9} = \boxed{}$ (cm)

4 색종이 48장을 민서와 시우가 5 : 3으로 나누어 가지려고 합니다. 색종이
를 각각 몇 장씩 가지게 되는지 구해 보세요.

(1) 민서: $48 \times \dfrac{\Box}{\Box} = \boxed{}$(장)

(2) 시우: $48 \times \dfrac{\Box}{\Box} = \boxed{}$(장)

5 주스 600 mL를 가 컵과 나 컵에 5 : 7로 나누어 담으려고 합니다. 주스를
각각 몇 mL씩 담아야 하는지 구해 보세요.

(1) 가 컵: $600 \times \dfrac{\Box}{\Box} = \boxed{}$ (mL)

(2) 나 컵: $600 \times \dfrac{\Box}{\Box} = \boxed{}$ (mL)

6 7000원을 은호와 동생이 4 : 3으로 나누어 가지려고 합니다. 두 사람이 가
지게 되는 돈은 각각 얼마인지 구해 보세요.

(1) 은호: $7000 \times \dfrac{\Box}{\Box} = \boxed{}$(원)

(2) 동생: $7000 \times \dfrac{\Box}{\Box} = \boxed{}$(원)

비례배분하기

🐟 **비례배분 문제 해결하기 ②**

1 사탕 36개를 형과 동생이 5 : 4로 나누어 가지려고 합니다. 형은 사탕 몇 개를 가지게 되나요?

(   )개

2 지민이네 학교 6학년 전체 학생은 120명이고, 남학생 수와 여학생 수의 비는 7 : 8입니다. 6학년 여학생은 몇 명인가요?

(   )명

3 텃밭에서 수확한 배추 84포기를 가족 수에 따라 나누어 주려고 합니다. 시은이네 가족은 4명, 다솜이네 가족은 3명이라면 배추를 몇 포기씩 나누어 주어야 하나요?

시은이네 가족 (   )포기
다솜이네 가족 (   )포기

4 길이가 320 cm인 끈을 주어진 비로 나누었습니다. 나누어진 두 끈의 길이는 각각 몇 cm인지 구해 보세요.

3 : 7   ⇨   [   ] cm, [   ] cm

5 구슬 44개를 은비와 진호가 1 : 3으로 나누어 가지려고 합니다. 진호는 은비보다 구슬을 몇 개 더 많이 가지게 되나요?

(   )개

6 민영이와 다영이가 아빠 생신에 24000원짜리 케이크를 사려고 합니다. 민영이와 다영이가 7 : 5로 나누어 돈을 낸다면, 민영이는 다영이보다 얼마를 더 많이 내야 하나요?

(   )원

7 연필 72자루를 유나와 지성이가 5 : 3으로 나누어 가졌습니다. 두 사람 중에서 누가 연필을 몇 자루 더 많이 가졌나요?

(   ), (   )자루

8 공책 600권을 두 반 학생 수의 비로 나누어 주려고 합니다. 어느 반이 공책을 몇 권 더 많이 받게 되나요?

반	1반	2반
학생 수(명)	18	22

(   )반, (   )권

비례배분하기

🐟 비례배분 문제 해결하기 ③

1 민주는 한 시간 동안 독서와 숙제를 하였습니다. 독서를 한 시간과 숙제를 한 시간의 비가 7 : 8이라면 민주가 숙제를 한 시간은 몇 분인가요?

(   )분

2 어느 날 낮과 밤의 길이의 비가 7 : 5라면 낮은 몇 시간인가요?

(   )시간

3 나무 90그루를 도로와 공원에 $\dfrac{1}{3} : \dfrac{1}{2}$ 로 나누어 심었습니다. 공원에 심은 나무는 몇 그루인가요?

(   )그루

4 엄마와 아빠가 각각 150만 원, 200만 원을 투자하여 얻은 이익금을 투자한 금액의 비로 나누어 가지려고 합니다. 두 사람이 얻은 전체 이익금이 105만 원이라면 각각 얼마씩 가져야 하나요?

엄마 (   )만 원

아빠 (   )만 원

영역별 반복집중학습 프로그램
규칙성편

5 가로와 세로의 비가 4 : 5이고 둘레가 90 cm인 직사각형이 있습니다. 이 직사각형의 세로는 몇 cm인가요?

(   ) cm

6 직사각형 모양의 꽃밭이 있습니다. 가로와 세로의 비는 3 : 4이고 둘레는 112 m입니다. 이 꽃밭의 가로는 몇 m인가요?

(   ) m

7 밑변의 길이가 12 cm이고 높이가 8 cm인 평행사변형 모양의 종이를 넓이의 비가 5 : 3이 되도록 잘랐습니다. 나누어진 두 개의 종이 중 더 넓은 종이의 넓이는 몇 cm^2인가요?

(   ) cm^2

8 태극기의 가로와 세로의 비는 3 : 2입니다. 태극기의 둘레가 200 cm일 때, 이 태극기의 넓이는 몇 cm^2인가요?

(   ) cm^2

비례배분하기

이름	
날짜	월 일
시간	: ~ :

🐟 비례배분에서 잘못 계산한 부분 찾기

1 단풍잎 84장을 재희와 진아가 2 : 5로 나누어 가지려고 합니다. 재희가 가지게 되는 단풍잎은 몇 장인지 알아보기 위한 풀이 과정입니다. 잘못 계산한 부분을 찾아 바르게 계산해 보세요.

$$84 \times \frac{2}{5-2} = 84 \times \frac{2}{3} = 56(\text{장})$$

⇩

2 밀가루 420 g을 7 : 3으로 나누어 각각 전과 수제비를 만들려고 합니다. 수제비를 만드는 데 사용되는 밀가루의 양은 얼마인지 알아보기 위한 풀이 과정입니다. 잘못 계산한 부분을 찾아 이유를 쓰고 바르게 계산해 보세요.

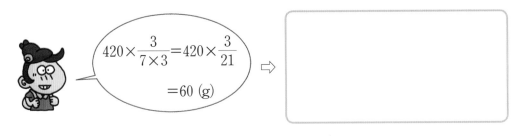

$$420 \times \frac{3}{7 \times 3} = 420 \times \frac{3}{21}$$
$$= 60 \ (g)$$

⇨

이유

3 준성이네 학교 6학년 전체 학생은 150명이고, 남학생 수와 여학생 수의 비는 3 : 2일 때 6학년 남학생이 몇 명인지 알아보기 위한 풀이 과정입니다. 잘못 계산한 부분을 찾아 바르게 계산해 보세요.

$$150 \times \frac{2}{3+2} = 150 \times \frac{2}{5} = 60(명)$$

⇩

4 지수네 학교 전체 학생은 360명이고, 남학생 수와 여학생 수의 비는 5 : 4일 때 여학생이 몇 명인지 알아보기 위한 풀이 과정입니다. 잘못 계산한 부분을 찾아 이유를 쓰고 바르게 계산해 보세요.

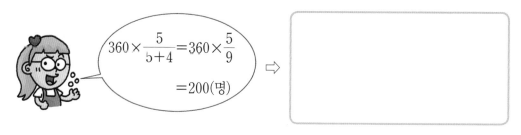

$$360 \times \frac{5}{5+4} = 360 \times \frac{5}{9}$$
$$= 200(명)$$

⇨

이유

비례배분하기

🐟 비례배분 문제 해결 방법 비교하기

1 지수와 연우가 초콜릿 36개를 4 : 5로 나누어 가지려고 합니다. 연우가 가지게 되는 초콜릿은 몇 개인지 전체를 주어진 비로 배분하는 방법을 이용하여 구해 보세요.

> 연우가 가지게 되는 초콜릿은 전체 초콜릿의 $\dfrac{\boxed{}}{4+5} = \dfrac{\boxed{}}{9}$
>
> 입니다. ⇨ $36 \times \dfrac{\boxed{}}{9} = \boxed{}$
>
> 연우가 가지게 되는 초콜릿: $\boxed{}$ 개

2 형과 동생이 4000원을 5 : 3으로 나누어 가지려고 합니다. 형이 가지게 되는 돈은 얼마인지 비의 성질을 이용하여 구해 보세요.

> (전체 금액) : (형이 가지게 되는 금액) = $\boxed{}$: 5이므로
>
> 형이 가지게 되는 돈의 금액을 ●원이라 하면
>
> $$8 : 5 \ \overset{\times \boxed{}}{\underset{\times \boxed{}}{=}} \ 4000 : ●$$
>
> ⇨ ● = $5 \times \boxed{} = \boxed{}$ 입니다.

영역별 반복집중학습 프로그램
규칙성편

3 가로와 세로의 비가 7 : 5이고 둘레가 96 cm인 직사각형이 있습니다. 이 직사각형의 가로가 몇 cm인지 두 친구의 해결 방법을 살펴보고 각각의 방법으로 구해 보세요.

비례배분하여 해결할 수 있어.

비례식을 세운 다음 비의 성질을 이용하여 해결할 수 있어.

이제 비례식과 비례배분은 걱정 없지요? 혹시 아쉬운 부분이 있다면 그 부분만 좀 더 복습하세요. 수고하셨습니다.

5과정 비례식과 비례배분

이 름		
실시 연월일	년 월	일
걸린 시간	분	초
오답 수		/ 15

1 비를 보고 전항과 후항을 각각 찾아 써 보세요.

7 : 9

전항 ( )
후항 ( )

2 ☐ 안에 알맞은 수를 써넣으세요.

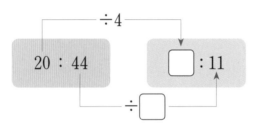

3 비의 성질을 이용하여 비율이 같은 비를 찾아 이어 보세요.

2 : 7 •   • 20 : 24

3 : 8 •   • 10 : 35

4 : 9 •   • 12 : 32

5 : 6 •   • 12 : 27

4 간단한 자연수의 비로 나타내세요.

(1) $0.5 : 0.3$

⇨ (   )

(2) $\dfrac{1}{4} : \dfrac{2}{3}$

⇨ (   )

5 간단한 자연수의 비로 잘못 나타낸 것을 찾아 기호를 써 보세요.

㉠ $1.2 : 3.6 ⇨ 1 : 3$
㉡ $75 : 30 ⇨ 5 : 2$
㉢ $3 : \dfrac{1}{2} ⇨ 6 : 2$

(   )

6 직사각형의 가로와 세로의 비를 간단한 자연수의 비로 나타내세요.

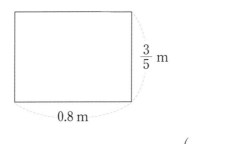

$\dfrac{3}{5}$ m

0.8 m

(   )

7 비율이 같은 두 비를 찾아 비례식을 세워 보세요.

$7 : 9$ $9 : 7$ $27 : 35$ $28 : 36$

(   )

8 비례식을 보고 외항의 곱과 내항의 곱을 각각 구해 보세요.

$$3 : 8 = 15 : 40$$

외항의 곱 (   )

내항의 곱 (   )

9 비례식의 성질을 이용하여 ☐ 안에 알맞은 수를 써넣으세요.

(1) $9 : 5 = \boxed{} : 35$

(2) $1.8 : 0.6 = 15 : \boxed{}$

10 수 카드 중에서 4장을 골라 비례식을 세워 보세요.

| 3 | 5 | 1 | 18 | 20 | 6 |

$\boxed{} : \boxed{} = \boxed{} : \boxed{}$

11 10분 동안 충전하면 70 km를 달릴 수 있는 전기 자동차가 있습니다. 이 전기 자동차가 350 km를 달리려면 몇 분 동안 충전해야 하나요?

(   )분

12 48을 5 : 3으로 나누려고 합니다. ☐ 안에 알맞은 수를 써넣으세요.

(1) $48 \times \dfrac{\boxed{}}{\boxed{}+3} = 48 \times \dfrac{5}{\boxed{}} = \boxed{}$

(2) $48 \times \dfrac{\boxed{}}{5+\boxed{}} = 48 \times \dfrac{3}{\boxed{}} = \boxed{}$

13 60을 주어진 비로 나누어 보세요.

(1) 3 : 2   (,   )

(2) 5 : 7   (,   )

14 길이가 350 cm인 끈을 주어진 비로 나누었습니다. 나누어진 두 끈의 길이는 각각 몇 cm가 되는지 구해 보세요.

2 : 5 ⇨ ☐ cm, ☐ cm

15 가로와 세로의 비가 7 : 3이고 둘레가 160 cm인 직사각형 모양의 칠판이 있습니다. 이 칠판의 가로는 몇 cm인가요?

(   ) cm

성취도 테스트 결과표

5과정 비례식과 비례배분

번호	평가 요소	평가 내용	결과(◎, X)	관련 내용
1	비의 성질 알아보기	비에서 전항과 후항을 찾을 수 있는지 확인하는 문제입니다.		1a
2		비의 성질을 이용하여 비율이 같게 비를 만들 수 있는지 확인하는 문제입니다.		3a
3		비의 성질을 이용하여 비율이 같은 비를 찾아 선으로 이어 보는 문제입니다.		4b
4	간단한 자연수의 비로 나타내기	비의 성질을 이용하여 간단한 자연수의 비로 나타낼 수 있는지 확인하는 문제입니다.		7a
5		비의 성질을 이용하여 간단한 자연수의 비로 나타낸 것 중 잘못 나타낸 것을 찾아보는 문제입니다.		12b
6		직사각형의 가로와 세로의 비를 간단한 자연수의 비로 나타내 보는 문제입니다.		13b
7	비례식 알아보기	비율이 같은 두 비를 찾아 비례식을 세워 보는 문제입니다.		19a
8	비례식의 성질 알아보기	비례식을 보고 외항의 곱과 내항의 곱을 구할 수 있는지 확인하는 문제입니다.		21a
9		비례식에서 외항의 곱과 내항의 곱이 같다는 성질을 이용하여 ◯ 안에 알맞은 수를 구해 보는 문제입니다.		25a
10		수 카드 4장을 골라서 비의 성질이나 비례식의 성질을 이용하여 비례식을 세워 보는 문제입니다.		26a
11	비례식의 활용	비례식을 세워 생활 속 활용 문제들을 해결해 보는 문제입니다.		27a
12	비례배분하기	수를 주어진 비로 배분하는 방법을 아는지 확인하는 문제입니다.		33a
13		수를 주어진 비로 배분하는 문제입니다.		35a
14		전체 양을 비례배분하여 생활 속 활용 문제들을 해결해 보는 문제입니다.		37a
15		주어진 조건에 맞게 비례배분을 활용하여 필요한 양을 구해 보는 문제입니다.		38b

평가 기준

평가	☐ A등급(매우 잘함)	☐ B등급(잘함)	☐ C등급(보통)	☐ D등급(부족함)
오답 수	0~1	2~3	4~5	6~

• A, B등급 : 학습한 교재에 대한 성취도가 높습니다.
• C등급 : 틀린 부분을 다시 한번 더 공부한 후, 다음 교재를 시작하세요.
• D등급 : 본 교재를 다시 구입하여 복습한 후, 다음 교재를 시작하세요.

1ab

1 (1) 1, 3 (2) 5, 4 (3) 6, 11

2 (1) 전항, 후항 (2) 6, 8, 7 (3) 0.9, 1, $\frac{1}{3}$

3 (1) 1에 △표, 5에 ○표
　(2) 7에 △표, 6에 ○표
　(3) 10에 △표, 3에 ○표
　(4) 2에 △표, 9에 ○표
　(5) 0.5에 △표, 0.8에 ○표
　(6) $\frac{1}{5}$에 △표, 4에 ○표

4 (△)(　)

5 (　)(○)

〈풀이〉

4 <u>5</u> : 9 ⇨ 전항은 5입니다.
　<u>11</u> : 5 ⇨ 전항은 11입니다.

5 7 : <u>10</u> ⇨ 후항은 10입니다.
　2 : <u>7</u> ⇨ 후항은 7입니다.

2ab

1 (위에서부터) (1) 5, 5 (2) 4, 4
　　　　　　　(3) 8, 2 (4) 3, 21

2 10, 18 / $\frac{5}{9}$, 예 $\frac{10}{18}\left(=\frac{5}{9}\right)$

3 33, 18 / $\frac{11}{6}$, 예 $\frac{33}{18}\left(=\frac{11}{6}\right)$

4 35, 40 / $\frac{7}{8}$, 예 $\frac{35}{40}\left(=\frac{7}{8}\right)$

〈풀이〉

2 5 : 9의 전항과 후항에 2를 곱하면 10 : 18
입니다. 5 : 9의 비율은 $\frac{5}{9}$이고, 10 : 18의
비율은 $\frac{10}{18}\left(=\frac{5}{9}\right)$입니다.

3 11 : 6의 전항과 후항에 3을 곱하면
33 : 18입니다. 11 : 6의 비율은 $\frac{11}{6}$이고,
33 : 18의 비율은 $\frac{33}{18}\left(=\frac{11}{6}\right)$입니다.

3ab

1 (위에서부터) (1) 2, 2 (2) 5, 5
　　　　　　　(3) 8, 3 (4) 4, 12

2 10, 7 / 예 $\frac{30}{21}\left(=\frac{10}{7}\right)$, $\frac{10}{7}$

3 8, 9 / 예 $\frac{32}{36}\left(=\frac{8}{9}\right)$, $\frac{8}{9}$

4 11, 12 / 예 $\frac{66}{72}\left(=\frac{11}{12}\right)$, $\frac{11}{12}$

〈풀이〉

2 30 : 21의 전항과 후항을 3으로 나누면
10 : 7입니다. 30 : 21의 비율은 $\frac{30}{21}\left(=\frac{10}{7}\right)$
이고, 10 : 7의 비율은 $\frac{10}{7}$입니다.

3 32 : 36의 전항과 후항을 4로 나누면 8 : 9
입니다. 32 : 36의 비율은 $\frac{32}{36}\left(=\frac{8}{9}\right)$이고,
8 : 9의 비율은 $\frac{8}{9}$입니다.

4ab

1 3, 18, 27 / 18, 27

2 4, 4, 3 / 4, 3

3 　　**4**

〈풀이〉

3 • 8 : 9는 전항과 후항에 2를 곱한
　16 : 18과 비율이 같습니다.
　• 2 : 7은 전항과 후항에 5를 곱한
　10 : 35와 비율이 같습니다.
　• 3 : 8은 전항과 후항에 3을 곱한
　9 : 24와 비율이 같습니다.
　• 4 : 5는 전항과 후항에 4를 곱한
　16 : 20과 비율이 같습니다.

5ab

1 15 : 20에 ○표
2 3 : 2에 ○표
3 10 : 14, 25 : 35에 ○표
4 12 : 10, 6 : 5에 ○표
5 예 10 : 4, 15 : 6
6 예 12 : 18, 8 : 12
7 예 14 : 20, 21 : 30
8 예 16 : 24, 8 : 12

〈풀이〉

5 5 : 2의 전항과 후항에 2를 곱한 10 : 4, 3을 곱한 15 : 6 등과 비율이 같습니다.

6 24 : 36의 전항과 후항을 2로 나눈 12 : 18, 3으로 나눈 8 : 12 등과 비율이 같습니다.

6ab

1 (1) ○에 ○표 예 가 건물과 나 건물의 높이를 비교하여 6 : 12의 비로 나타낸 것입니다.
　(2) ○에 ○표 예 비의 성질을 이용하여 6 : 12의 전항과 후항을 6으로 나누어 1 : 2와 비율이 같음을 알 수 있습니다.
2 나, 마 예 나 액자의 가로와 세로의 비 20 : 15의 전항과 후항을 5로 나누면 4 : 3이 되고, 마 액자의 가로와 세로의 비 24 : 18의 전항과 후항을 6으로 나누면 4 : 3이 되기 때문입니다.

〈풀이〉

2 가 액자의 가로와 세로의 비 25 : 15는 전항과 후항을 5로 나누면 5 : 3이 되고, 다 액자의 가로와 세로의 비 15 : 12는 전항과 후항을 3으로 나누면 5 : 4가 되고, 라 액자의 가로와 세로의 비 21 : 28은 전항과 후항을 7로 나누면 3 : 4가 됩니다.

7ab

1 (위에서부터) 7, 10
2 (위에서부터) 10, 4
3 (위에서부터) 10, 10
4 (위에서부터) 25, 100
5 예 (1) 10 (2) 2 : 3
6 예 (1) 10 (2) 8 : 5
7 예 (1) 10 (2) 17 : 21
8 예 (1) 100 (2) 36 : 127

8ab

1 (위에서부터) 4, 12
2 (위에서부터) 20, 4
3 (위에서부터) 14, 14
4 (위에서부터) 18, 45
5 (1) 12 (2) 8 : 3
6 (1) 10 (2) 2 : 3
7 (1) 12 (2) 9 : 2
8 (1) 24 (2) 9 : 2

〈풀이〉

6 (1) $5 \,\overline{)\, \begin{matrix} 5 & 10 \\ \hline 1 & 2 \end{matrix}}$ ⇨ 최소공배수: $5 \times 1 \times 2 = 10$

　(2) $\frac{1}{5} \times 10 = 2$, $\frac{3}{10} \times 10 = 3$ ⇨ 2 : 3

9ab

1 (위에서부터) 2, 5
2 (위에서부터) 7, 5
3 (위에서부터) 4, 4
4 (위에서부터) 3, 8
5 (1) 3 (2) 9 : 4
6 (1) 10 (2) 3 : 5
7 (1) 8 (2) 8 : 5
8 (1) 9 (2) 5 : 8

〈풀이〉

5 (1) $3\,\overline{)27\ \ 12}$
　　　　$9\ \ \ 4$ ⇨ 최대공약수: 3

　 (2) 27 : 12의 전항과 후항을 최대공약수인
　　　3으로 나누면 9 : 4입니다.

10ab

1 (1) 0.4 (2) 8 : 4 (3) 2 : 1

2 (1) 6 (2) 12 : 9 (3) 4 : 3

3 (1) 0.6, 0.6, 10, 6

　 (2) 5, 5, 10, 5

4 (1) 0.75, 0.75, 100, 75

　 (2) 17, 17, 100, 17

11ab

1 예 4 : 7 　　　　**2** 예 5 : 4

3 예 4 : 9 　　　　**4** 예 25 : 12

5 예 2 : 3 　　　　**6** 예 8 : 15

7 예 2 : 3 　　　　**8** 예 7 : 6

9 예 3 : 4 　　　　**10** 예 4 : 3

11 예 2 : 5 　　　　**12** 예 5 : 3

13 예 8 : 7 　　　　**14** 예 4 : 9

〈풀이〉

1 0.4 : 0.7의 전항과 후항에 10을 곱하면
　4 : 7입니다.

2 $\frac{1}{2}$: $\frac{2}{5}$의 전항과 후항에 10을 곱하면
　5 : 4입니다.

3 28 : 63의 전항과 후항을 7로 나누면 4 : 9
　입니다.

4 후항 0.3을 분수로 바꾸면 $\frac{3}{10}$입니다.

　$\frac{5}{8}$: $\frac{3}{10}$의 전항과 후항에 40을 곱하면
　25 : 12입니다.

12ab

3 ㉠
5 ㉢
4 ㉡

〈풀이〉

1 • 72 : 36의 전항과 후항을 36으로 나누면
　　2 : 1입니다.

　• 2.7 : 1.8의 전항과 후항에 10을 곱하면
　　27 : 18입니다. 27 : 18의 전항과 후항을
　　9로 나누면 3 : 2입니다.

　• 전항 $1\frac{3}{4}$을 가분수로 바꾸면 $\frac{7}{4}$입니다.

　　$\frac{7}{4}$: 2의 전항과 후항에 4를 곱하면
　　7 : 8입니다.

　• $\frac{2}{3}$: $\frac{2}{5}$의 전항과 후항에 15를 곱하면
　　10 : 6입니다. 10 : 6의 전항과 후항을 2
　　로 나누면 5 : 3입니다.

3 ㉠ 5 : $\frac{1}{4}$의 전항과 후항에 4를 곱하면
　　20 : 1입니다.

　㉡ 25 : 60의 전항과 후항을 5로 나누면
　　5 : 12입니다.

　㉢ 10 : 6.2의 전항과 후항에 10을 곱하면
　　100 : 62입니다. 100 : 62의 전항과 후
　　항을 2로 나누면 50 : 31입니다.

13ab

1 예 7 : 9 　　　　**2** 예 3 : 1

3 예 4 : 3 　　　　**4** 예 5 : 4

5 예 4 : 3 　　　　**6** 예 8 : 3

7 예 25 : 28

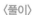
〈풀이〉

3 현빈이와 주아가 각각 1시간 동안 읽은 책의 양의 비는 $\frac{1}{3}$: $\frac{1}{4}$이므로 전항과 후항에 12를 곱하면 4 : 3입니다.

4 (남학생 수)=108−48=60(명)
남학생 수와 여학생 수의 비는 60 : 48이므로 전항과 후항을 12로 나누면 5 : 4입니다.

5 직사각형의 가로와 세로의 비는 $\frac{4}{5}$: 0.6입니다. 전항 $\frac{4}{5}$를 소수로 바꾸면 0.8이므로 0.8 : 0.6입니다. 0.8 : 0.6의 전항과 후항에 10을 곱하면 8 : 6이고, 8 : 6의 전항과 후항을 2로 나누면 4 : 3입니다.

---

4 (1) 1 : 2 = 4 : 8
(2) 4 : 5 = 8 : 10
(3) 3 : 7 = 9 : 21

5 (1) 3, 15, 3 / 3, 5, 15
(2) 9, 27, 9 / 9, 12, 27

〈풀이〉

4 비율을 비로 나타낼 때에는 분자를 전항에, 분모를 후항에 씁니다.

5 (1) 1 : 3과 5 : 15의 비율이 $\frac{1}{3}$로 같으므로 비례식으로 나타내면 1 : 3 = 5 : 15입니다.

14ab

1 (예) 전항을 소수 1.6으로 바꾸어 전항과 후항에 10을 곱하여 16 : 17로 나타낼 수 있습니다.

2 (예) 후항을 분수 $\frac{17}{10}$로 바꾸어 전항과 후항에 10을 곱하여 16 : 17로 나타낼 수 있습니다.

3 (예) 두 가지 방법으로 각각 구한 간단한 자연수의 비는 같습니다.

4 (예) 3 : 8

5 (예) 3 : 8

6 (예) 두 비의 비율이 같으므로 두 꿀물의 진하기는 같습니다.

15ab

1 비례식

2 ㄹ

3 ㄱ, ㄹ

16ab

1 (위에서부터) 8, 10
2 (위에서부터) 21, 7
3 (위에서부터) 4, 18
4 (위에서부터) 0.8, 1.1
5 ③ : ② = ⑨ : ⑥
6 ④ : ⑦ = ⑫ : ㉑
7 ⑩ : ⑯ = ⑤ : ⑧
8 ④⁄₅ : ①⁄₂ = ② : ⑤
9 5, 14 / 7, 10
10 24, 3 / 9, 8
11 7, 10 / 2, 35
12 3, 1.5 / 5, 0.9

17ab

1 8, 6 / (위에서부터) 2, 8, 6, 2
2 21, 27 / (위에서부터) 3, 21, 27, 3
3 10, 25 / (위에서부터) 5, 10, 25, 5
4 8, 5 / (위에서부터) 4, 8, 5, 4
5 3, 8 / (위에서부터) 7, 3, 8, 7
6 7, 9 / (위에서부터) 6, 7, 9, 6

18ab

1 4, 16	**2** 21, 9
3 20, 32	**4** 3, 2
5 4, 10	**6** 8, 18

〈풀이〉

1 $1:4$의 비율은 $\frac{1}{4}$입니다. $4:16$의 비율은

$\frac{4}{16}\left(=\frac{1}{4}\right)$이므로 $1:4$와 비율이 같은 비는

$4:16$입니다.

⇨ $1:4 = 4:16$

4 $27:18$의 비율은 $\frac{27}{18}\left(=\frac{3}{2}\right)$입니다. $3:2$의

비율은 $\frac{3}{2}$이므로 $27:18$과 비율이 같은 비

는 $3:2$입니다.

⇨ $27:18 = 3:2$

19ab

1 ㉔ $2:7 = 6:21$
2 ㉔ $24:20 = 6:5$
3 ㉔ $3:5 = 0.9:1.5$
4 ㉔ $4:3 = \frac{1}{6}:\frac{1}{8}$
5 ㉔ $7:5 = 28:20$
6 ㉔ $21:35 = 6:10$
7 ㉔ $5:2 = \frac{1}{4}:\frac{1}{10}$
8 ㉔ $2:7 = 1.2:4.2$

〈풀이〉

1 $2:7 ⇨ \frac{2}{7}$

$6:21 ⇨ \frac{6}{21}\left(=\frac{2}{7}\right)$

$18:42 ⇨ \frac{18}{42}\left(=\frac{3}{7}\right)$

비율이 같은 두 비를 찾아 비례식을 세우면

$2:7 = 6:21$입니다.

3 $3:5 ⇨ \frac{3}{5}$

$0.9:1.5 ⇨ 9:15 ⇨ \frac{9}{15}\left(=\frac{3}{5}\right)$

$\frac{1}{3}:\frac{1}{5} ⇨ 5:3 ⇨ \frac{5}{3}$

비율이 같은 두 비를 찾아 비례식을 세우면

$3:5 = 0.9:1.5$입니다.

20ab

1 (1) 맞습니다. (2) 틀립니다.

  (3) ㉔ 하은: 내항은 4와 9이고, 외항은
   3과 12입니다.

2 (1) 틀립니다. (2) 맞습니다.

  (3) ㉔ 시윤: $2:3$과 $\frac{1}{2}:\frac{1}{3}$의 두 비를

   비례식 $2:3 = \frac{1}{3}:\frac{1}{2}$로 나타낼

   수 있습니다.

〈풀이〉

2 (3) $\frac{1}{2}:\frac{1}{3}$의 전항과 후항에 6을 곱하면

   $3:2$입니다.

   따라서 $2:3 = \frac{1}{3}:\frac{1}{2}$입니다.

21ab

1 (1) 4, 9, 36 / 3, 12, 36

  (2) =

2 (1) 0.2, 25, 5 / 0.5, 10, 5

  (2) =

3 (1) 126, 126

  (2) 같습니다에 ○표

4 (1) $\frac{1}{2}$, $\frac{1}{2}$

  (2) 같습니다에 ○표

22ab

1 (위에서부터) 72, 72 / 옳은 비례식입니다.

2 (위에서부터) 45, 30 / 옳은 비례식이 아닙니다.

3 (위에서부터) 3, 30 / 옳은 비례식이 아닙니다.

4 (위에서부터) 16, 16 / 옳은 비례식입니다.

5 ×   **6** ○   **7** ○

8 ×   **9** ○   **10** ○

〈풀이〉

5 $4 \times 14 = 56$, $5 \times 12 = 60$
외항의 곱과 내항의 곱이 같지 않으므로 옳은 비례식이 아닙니다.
[다른 풀이] 비의 성질을 이용하여 4 : 5의 전항과 후항에 3을 곱하면 12 : 15이므로 옳은 비례식이 아닙니다.

6 $21 \times 1 = 21$, $7 \times 3 = 21$
외항의 곱과 내항의 곱이 같으므로 옳은 비례식입니다.

23ab

1 ⓒ   **2** ⓐ

3 ⓒ   **4** ⓒ

5 ⓒ, ⓒ   **6** ⓐ, ⓒ, ⓒ

7 ⓒ, ⓒ   **8** ⓒ, ⓒ, ⓒ

〈풀이〉

5 ⓐ $3 \times 16 = 48$, $8 \times 9 = 72$ (×)
ⓒ $27 \times 1 = 27$, $9 \times 3 = 27$ (○)
ⓒ $\frac{1}{2} \times 5 = \frac{5}{2}$, $\frac{1}{5} \times 2 = \frac{2}{5}$ (×)
ⓒ $6 \times 20 = 120$, $5 \times 24 = 120$ (○)

6 ⓐ $2 \times 15 = 30$, $5 \times 6 = 30$ (○)
ⓒ $7 \times \frac{1}{7} = 1$, $3 \times \frac{1}{3} = 1$ (○)
ⓒ $0.3 \times 18 = 5.4$, $0.6 \times 6 = 3.6$ (×)
ⓒ $30 \times 4 = 120$, $8 \times 15 = 120$ (○)

24ab

1 42, 6   **2** 108, 27

3 4, 20   **4** 5, 25

5 120, 24   **6** 72, 4

7 4.5, 3   **8** 6, 36

25ab

1 56   **2** 16   **3** 5

4 3   **5** 40   **6** 240

7 24   **8** 9   **9** 7

10 49   **11** 5   **12** 4

13 ⓐ   **14** ⓒ   **15** ⓐ, ⓒ

〈풀이〉

1 $8 \times 21 = 3 \times \square$, $168 = 3 \times \square$, $\square = 56$

2 $7 \times \square = 4 \times 28$, $7 \times \square = 112$, $\square = 16$

13 ⓐ $\square \times \frac{2}{3} = 2 \times 3$, $\square \times \frac{2}{3} = 6$, $\square = 9$
ⓒ $24 \times 16 = 64 \times \square$, $384 = 64 \times \square$, $\square = 6$
ⓒ $0.9 \times 40 = \square \times 12$, $36 = \square \times 12$, $\square = 3$
ⓒ $2 \times \square = \frac{4}{5} \times 20$, $2 \times \square = 16$, $\square = 8$

26ab

1 예 $4 : 8 = 1 : 2$

2 예 $2 : 6 = 3 : 9$

3 예 $1 : 3 = 5 : 15$

4 예 $4 : 12 = 7 : 21$

5 예 $5 : 20 = 2 : 8$
예 두 수의 곱이 같은 카드를 찾아서 외항과 내항에 각각 놓아 비례식을 만들었습니다.

6 예 $3 : 6 = 8 : 16$
예 비율이 같은 두 비를 서로 같다고 놓고 비례식을 만들었습니다.

〈풀이〉

1 두 수의 곱이 같은 카드를 찾아서 외항과 내항에 각각 놓아 비례식을 세워 봅니다.
$4 \times 2 = 8$, $8 \times 1 = 8$이므로 4와 2를 외항(또는 내항)에, 8과 1을 내항(또는 외항)에 각각 놓으면 됩니다.
⇨ $4 : 8 = 1 : 2$, $4 : 1 = 8 : 2$,
　　 $2 : 8 = 1 : 4$, $2 : 1 = 8 : 4$ 등

27ab

1 25　　　　　　**2** 25 / 25, 100, 1
3 1　　　　　　　**4** 24
5 24 / 24, 120, 15
6 15

28ab

1 25
2 (위에서부터) 5, 25, 5 / 5, 30
3 30　　　　　　**4** 36
5 (위에서부터) 4, 36, 4 / 4, 44
6 44

29ab

1 10
2 10 / 10, 240, 120
3 (위에서부터) 5, 10, 5 / 5, 120
4 120
5 7000
6 7000 / 7000, 14000, 14
7 (위에서부터) 7, 7000, 7 / 7, 14
8 14

30ab

1 (1) $10 : 90 = \square : 450$ (2) 50
2 (1) $20 : 180 = 12 : \square$ (2) 108
3 (1) $4 : 7 = 48 : \square$ (2) 84
4 (1) $2 : 15 = \square : 210$ (2) 28

〈풀이〉

1 $10 : 90 = \square : 450$에서 외항의 곱과 내항의 곱이 같으므로 $10 \times 450 = 90 \times \square$입니다.
⇨ $4500 = 90 \times \square$, $\square = 50$이므로 50분 동안 충전해야 합니다.

2 $20 : 180 = 12 : \square$에서 외항의 곱과 내항의 곱이 같으므로 $20 \times \square = 180 \times 12$입니다.
⇨ $20 \times \square = 2160$, $\square = 108$이므로 소금의 양은 108 g입니다.

31ab

1 풀이 예 넣어야 하는 잡곡을 $\square$컵이라 하고 비례식을 세우면 $7 : 3 = 21 : \square$입니다.
⇨ $7 \times \square = 3 \times 21$, $7 \times \square = 63$,
　　$\square = 9$
답 9

2 풀이 예 인쇄하는 데 걸리는 시간을 $\square$초라 하고 비례식을 세우면
$11 : 15 = \square : 90$입니다.
⇨ $11 \times 90 = 15 \times \square$, $990 = 15 \times \square$,
　　$\square = 66$
답 66

3 풀이 예 가로를 $\square$ cm라 하고 비례식을 세우면 $8 : 5 = \square : 60$입니다.
⇨ $8 \times 60 = 5 \times \square$, $480 = 5 \times \square$,
　　$\square = 96$
답 96

4 풀이 예 필요한 떡의 양을 □ g이라 하고 비례식을 세우면 4 : 600 = 7 : □ 입니다.

⇨ 4×□=600×7, 4×□=4200,
□=1050

답 1050

5 풀이 예 자동차가 달리는 데 걸리는 시간을 □분이라 하고 비례식을 세우면
9 : 6 = 135 : □입니다.

⇨ 9×□=6×135, 9×□=810,
□=90

답 1, 30

6 풀이 예 주방 세제를 사는 데 필요한 돈을 □원이라 하고 비례식을 세우면
2 : 8500 = 8 : □입니다.

⇨ 2×□=8500×8, 2×□=68000,
□=34000

답 34000

32ab

1 ○○○, ○○○○○○
/ 3, 6

2 ○○, ○○○○○○
/ 2, 6

3 ○○○○○○, ○○○○
/ 6, 4

4 ○○○○○○, ○○○○○○○○
/ 6, 8

〈풀이〉

1 귤 9개를 3개와 6개로 나누면 1 : 2로 나눌 수 있습니다.

2 사탕 8개를 2개와 6개로 나누면 1 : 3으로 나눌 수 있습니다.

33ab

1 (1) 1, 3, 5 (2) 2, 3, 10

2 (1) 2, 9, 14 (2) 7, 9, 4

3 (1) 3, 3, 7, 12 (2) 4, 4, 7, 16

4 예 (1) 1, 5, $\frac{1}{6}$, 16 (2) 1, 5, $\frac{5}{6}$, 80

5 예 (1) 3, 2, $\frac{3}{5}$, 120 (2) 3, 2, $\frac{2}{5}$, 80

6 예 (1) 5, 7, $\frac{5}{12}$, 150 (2) 5, 7, $\frac{7}{12}$, 210

34ab

1 (1) 2, 4 (2) 2, 6

2 (1) 3, 9 (2) 3, 3

3 (1) 4, 12 (2) 4, 20

4 (1) 5, 25 (2) 5, 35

35ab

1 (1) 15, 5 (2) 8, 12

2 (1) 9, 27 (2) 20, 16

3 (1) 7, 35 (2) 15, 27

4 (1) 18, 27 (2) 35, 10

5 (1) 45, 75 (2) 64, 56

6 (1) 99, 231 (2) 180, 150

〈풀이〉

1 (1) $20 \times \frac{3}{3+1} = 20 \times \frac{3}{4} = 15$

$20 \times \frac{1}{3+1} = 20 \times \frac{1}{4} = 5$

(2) $20 \times \frac{2}{2+3} = 20 \times \frac{2}{5} = 8$

$20 \times \frac{3}{2+3} = 20 \times \frac{3}{5} = 12$

4 (1) $45 \times \frac{2}{2+3} = 45 \times \frac{2}{5} = 18$

$45 \times \frac{3}{2+3} = 45 \times \frac{3}{5} = 27$

(2) $45 \times \dfrac{7}{7+2} = 45 \times \dfrac{7}{9} = 35$

$45 \times \dfrac{2}{7+2} = 45 \times \dfrac{2}{9} = 10$

36ab

1 (1) 3, 3, 18 (2) 1, 1, 6
2 (1) 2, 2, 12 (2) 3, 3, 18
3 (1) 4, 4, 120 (2) 5, 5, 150
4 (1) $\dfrac{5}{8}$, 30 (2) $\dfrac{3}{8}$, 18
5 (1) $\dfrac{5}{12}$, 250 (2) $\dfrac{7}{12}$, 350
6 (1) $\dfrac{4}{7}$, 4000 (2) $\dfrac{3}{7}$, 3000

37ab

1 20   **2** 64
3 48, 36   **4** 96, 224
5 22   **6** 4000
7 유나, 18   **8** 2, 60

〈풀이〉

3 시은이네 가족:
$84 \times \dfrac{4}{4+3} = 84 \times \dfrac{4}{7} = 48$(포기)
다솜이네 가족:
$84 \times \dfrac{3}{4+3} = 84 \times \dfrac{3}{7} = 36$(포기)

5 은비: $44 \times \dfrac{1}{1+3} = 44 \times \dfrac{1}{4} = 11$(개)
진호: $44 \times \dfrac{3}{1+3} = 44 \times \dfrac{3}{4} = 33$(개)
⇨ 33−11=22(개)

6 민영: $24000 \times \dfrac{7}{7+5} = 24000 \times \dfrac{7}{12}$
$= 14000$(원)
다영: $24000 \times \dfrac{5}{7+5} = 24000 \times \dfrac{5}{12}$
$= 10000$(원)
⇨ 14000−10000=4000(원)

38ab

1 32   **2** 14
3 54   **4** 45, 60
5 25   **6** 24
7 60   **8** 2400

〈풀이〉

2 하루는 24시간이므로 24시간을 낮과 밤의
길이의 비 7 : 5로 나누면 낮은
$24 \times \dfrac{7}{7+5} = 24 \times \dfrac{7}{12} = 14$(시간)입니다.

3 $\dfrac{1}{3} : \dfrac{1}{2}$의 전항과 후항에 6을 곱하면 2 : 3
입니다.
공원: $90 \times \dfrac{3}{2+3} = 90 \times \dfrac{3}{5} = 54$(그루)

4 투자 금액의 비 '150만 원 : 200만 원'을 간
단한 자연수의 비로 나타내면 3 : 4입니다.
엄마: $105 \times \dfrac{3}{3+4} = 105 \times \dfrac{3}{7} = 45$(만 원)
아빠: $105 \times \dfrac{4}{3+4} = 105 \times \dfrac{4}{7} = 60$(만 원)

5 직사각형의 둘레가 90 cm이므로
(가로)+(세로)=45 (cm)입니다.
직사각형의 세로는
$45 \times \dfrac{5}{4+5} = 45 \times \dfrac{5}{9} = 25$ (cm)입니다.

8 태극기의 둘레가 200 cm이므로
(가로)+(세로)=100 (cm)입니다.
(가로)$=100 \times \dfrac{3}{3+2} = 100 \times \dfrac{3}{5} = 60$ (cm)
(세로)$=100 \times \dfrac{2}{3+2} = 100 \times \dfrac{2}{5} = 40$ (cm)
⇨ (태극기의 넓이)=60×40=2400 (cm²)

39ab

1 예 $84 \times \dfrac{2}{2+5} = 84 \times \dfrac{2}{7} = 24$(장)
2 예 $420 \times \dfrac{3}{7+3} = 420 \times \dfrac{3}{10} = 126$ (g)

이유: ⑩ 전체를 주어진 비로 배분하기 위해서는 전체를 의미하는 전항과 후항의 합을 분모로 하는 분수의 비로 나타내어야 하는데 전항과 후항의 곱으로 나타냈기 때문입니다.

3 ⑩ $150 \times \dfrac{3}{3+2} = 150 \times \dfrac{3}{5} = 90$(명)

4 ⑩ $360 \times \dfrac{4}{5+4} = 360 \times \dfrac{4}{9} = 160$(명)

이유: ⑩ 여학생 수는 비의 후항에 해당하므로 $360 \times \dfrac{4}{5+4}$로 계산했어야 하는데 비의 전항인 5를 분자로 나타냈기 때문입니다.

40ab

1 5, 5 / 5, 20 / 20

2 8 / 500, 500 / 500, 2500

3 ⑩ 둘레가 96 cm이므로
(가로)+(세로)=48 (cm)입니다.
직사각형의 가로는
$48 \times \dfrac{7}{7+5} = 48 \times \dfrac{7}{12} = 28$ (cm)입니다.
⑩ 둘레가 96 cm이므로
(가로)+(세로)=48 (cm)입니다. 직사각형의 가로를 □ cm라 하고 (가로) : (가로와 세로의 합)을 비로 나타낸 뒤 비례식을 세우면 7 : 12 = □ : 48입니다. 비의 성질을 이용하면 48은 12의 4배이므로 □=7×4=28 (cm)입니다.

성취도 테스트

1 7, 9

2 (위에서부터) 5, 4

3

4 ⑩ ⑴ 5 : 3 ⑵ 3 : 8

5 ㉢

6 ⑩ 4 : 3

7 ⑩ 7 : 9 = 28 : 36

8 120, 120

9 ⑴ 63 ⑵ 5

10 ⑩ 1 : 3 = 6 : 18

11 50

12 ⑴ 5, 5, 8, 30 ⑵ 3, 3, 8, 18

13 ⑴ 36, 24 ⑵ 25, 35

14 100, 250

15 56

〈풀이〉

3 • 2 : 7은 전항과 후항에 5를 곱한 10 : 35와 비율이 같습니다.
• 3 : 8은 전항과 후항에 4를 곱한 12 : 32와 비율이 같습니다.
• 4 : 9는 전항과 후항에 3을 곱한 12 : 27과 비율이 같습니다.
• 5 : 6은 전항과 후항에 4를 곱한 20 : 24와 비율이 같습니다.

7 7 : 9와 28 : 36의 비율이 $\dfrac{7}{9}$로 같으므로 비례식으로 나타내면 7 : 9 = 28 : 36입니다.

9 ⑴ 9×35=5×□, 315=5×□, □=63
⑵ 1.8×□=0.6×15, 1.8×□=9, □=5

11 자동차가 350 km를 달리기 위해 충전해야 하는 시간을 □분이라 하고 비례식을 세우면 10 : 70 = □ : 350입니다.
⇨ 10×350=70×□, 3500=70×□, □=50

15 칠판의 둘레가 160 cm이므로
(가로)+(세로)=80 (cm)입니다.
칠판의 가로는
$80 \times \dfrac{7}{7+3} = 80 \times \dfrac{7}{10} = 56$ (cm)입니다.